Laude Abel Ouakou

Impacts des pratiques agricoles et d'orpaillage

Laude Abel Ouakou

Impacts des pratiques agricoles et d'orpaillage

sur l'écosystème forestier de la Réserve de Biosphère de Dimonika en République du Congo.

Éditions universitaires européennes

Impressum / Mentions légales
Bibliografische Information der Deutschen Nationalbibliothek: Die Deutsche Nationalbibliothek verzeichnet diese Publikation in der Deutschen Nationalbibliografie; detaillierte bibliografische Daten sind im Internet über http://dnb.d-nb.de abrufbar.
Alle in diesem Buch genannten Marken und Produktnamen unterliegen warenzeichen-, marken- oder patentrechtlichem Schutz bzw. sind Warenzeichen oder eingetragene Warenzeichen der jeweiligen Inhaber. Die Wiedergabe von Marken, Produktnamen, Gebrauchsnamen, Handelsnamen, Warenbezeichnungen u.s.w. in diesem Werk berechtigt auch ohne besondere Kennzeichnung nicht zu der Annahme, dass solche Namen im Sinne der Warenzeichen- und Markenschutzgesetzgebung als frei zu betrachten wären und daher von jedermann benutzt werden dürften.

Information bibliographique publiée par la Deutsche Nationalbibliothek: La Deutsche Nationalbibliothek inscrit cette publication à la Deutsche Nationalbibliografie; des données bibliographiques détaillées sont disponibles sur internet à l'adresse http://dnb.d-nb.de.
Toutes marques et noms de produits mentionnés dans ce livre demeurent sous la protection des marques, des marques déposées et des brevets, et sont des marques ou des marques déposées de leurs détenteurs respectifs. L'utilisation des marques, noms de produits, noms communs, noms commerciaux, descriptions de produits, etc, même sans qu'ils soient mentionnés de façon particulière dans ce livre ne signifie en aucune façon que ces noms peuvent être utilisés sans restriction à l'égard de la législation pour la protection des marques et des marques déposées et pourraient donc être utilisés par quiconque.

Coverbild / Photo de couverture: www.ingimage.com

Verlag / Editeur:
Éditions universitaires européennes
ist ein Imprint der / est une marque déposée de
OmniScriptum GmbH & Co. KG
Heinrich-Böcking-Str. 6-8, 66121 Saarbrücken, Deutschland / Allemagne
Email: info@editions-ue.com

Herstellung: siehe letzte Seite /
Impression: voir la dernière page
ISBN: 978-3-8416-6828-8

Remerciements

Mes remerciements au Docteur YELKOUNI, Directeur du Département Environnement à l'Université Senghor, pour ses conseils et corrections. A l'Institut National de la Recherche Forestière (IRF) pour avoir accepté de me recevoir pour le stage qui m'a permis de collecter les données de ce livre. Aux Docteurs PANGOU Valentin Serge (Directeur du Groupe d'Étude et de Recherche sur la Diversité Biologique (GERDB), IRF, Brazzaville/Congo), WATHA-NDOUDY Noël (Maitre de Recherche, Département changement climatique et implication sur les écosystèmes forestiers, IRF, Brazzaville/Congo), SAWADOGO Louis (Maitre de Recherche en Écologie et biologie végétales, Institut National de l'Environnement et de la Recherche Agricole, Ouagadougou/Burkina Faso) et OUEDRAOGO Paul (conseiller principal pour l'Afrique de la Convention de Ramsar, Gland/Suisse), pour leur soutien lors de la rédaction de ce livre. Enfin à Jemmima MAXI, JIAZET NOUMEYI Stéfany Minette, Nelly HOUSTA et Gildas GANGOUE MOUKALA qui ont accepté de lire le manuscrit de ce livre.

Dédicaces

Ce livre est un signe fort de ma persévérance dans le monde intellectuel. Il devrait servir de motivation à mes frères et sœurs pour qu'ils comprennent et transmettent à leurs enfants l'importance des études dans la formation de l'être humain mais aussi dans l'acquisition de l'indépendance dans le monde social.

Liste des acronymes et abréviations utilisés

ADU : Agence de Développement et d'Urbanisation

ACFAP : Agence Congolaise de la Faune et des Aires Protégées

CDB : Convention sur la Diversité Biologique

CITES : Convention Internationale sur le Commerce des Espèces Menacées

CFCO : Chemin de Fer Congo Océan

COMIFAC : Commission des Forêts d'Afrique Centrale

DAE-G : Diagnostique Agro-Environnemental Géographique

DFAP : Direction de la Faune et des Aires Protégées

DGE : Direction Générale de l'Environnement

DNACPN : Direction Nationale de l'Assainissement et du Contrôle des Pollutions et des Nuisances

ECOM : Enquête Congolaise auprès des Ménages

EIE : Etude d'Impact Environnemental

FAO : Organisation des Nations Unies pour l'Alimentation et l'Agriculture

FOSA : Foresty Outlook Study for Africa

FPE : Fonds pour la Protection de l'Environnement

GES : Gaz à Effet de Serre

ITIE : Initiative pour la Transparence des Industries Extractives

MAEPPF : Ministère de l'Agriculture, de l'Elevage, de la Pêche et de la Promotion de la Femme

MDDEFE : Ministère du Développement Durable, de l'Economie Forestière et de l'Environnement

ONUDI : Organisation des Nations Unies pour le Développement Industriel

PAN : Plan d'Action National

PFBC : Partenariat pour les Forêts du Bassin du Congo

PFNL : Produit Forestier Non Ligneux

PNAE : Programme National d'Action Environnementale

RBD : Réserve de Biosphère de Dimonika

RC : République du Congo

RDC : République Démographique du Congo

SDD : Schéma de Développement Durable

SNAT : Schéma National d'Aménagement du Territoire

UICN : Union Internationale pour la Conservation de la Nature

Liste des Figures

Liste des Tableaux

Table des matières

Introduction générale

Définis comme des unités fonctionnelles composées de la forêt et des êtres vivants qui s'y développent sous l'influence du sol, de la lumière, de l'air, du climat, de l'eau, des plantes et des animaux (Web[1] 1), les écosystèmes forestiers soutiennent des fonctions majeures[2] qui contribuent au bien-être humain (CBD, 1992). Leur biodiversité disparaît à un rythme alarmant selon l'évaluation des écosystèmes pour le millénaire (EM 2005) ainsi que la liste rouge des espèces menacées (UICN 2004). La FAO (2010, cité dans LEPLAY, 2011) estime à 16 millions d'hectares la quantité de forêt détruite annuellement dans le monde durant les années 1990 et à 13 millions d'hectares par an dans les années 2000. Les causes de cette disparition varient d'un endroit à un autre et il est difficile d'en évaluer l'ampleur et la durée (FAO, 2006). Parmi les causes figurent les incendies, les insectes et les maladies, la mauvaise gestion, le pâturage incontrôlé, les espèces envahissantes, la pollution atmosphérique et les évènements climatiques extrêmes (FAO, 2006). Les activités humaines, aussi utiles qu'elles soient, contribuent à la transformation progressive d'une grande partie des surfaces terrestres (Foley *et al*, 2005) jusqu'à 1000 fois le taux naturel de perte d'espèces en raison de la dégradation d'habitat forestier (CDB, 2009). Les progrès de la production agricole et minière des dernières décennies ont été atteints, en grande partie, sans égard à l'érosion de la biodiversité (CDB, 2008). Le plus grand responsable de la perte de la biodiversité terrestre au cours des 50 dernières années a été la transformation des habitats, principalement en raison de la conversion d'écosystèmes naturels et semi naturels en terres agricoles (CDB, 2009). Plusieurs agronomes et chimistes ont tiré la sonnette d'alarme sur les pratiques agricoles et leurs impacts sur l'environnement (SABATIER, 1890).

Au cours du siècle dernier, la plupart des écosystèmes forestiers d'Europe se sont dramatiquement détériorés suite à des changements intervenus dans les pratiques agricoles qui ont évolué localement soit vers l'intensification, soit vers l'extension (web 2), entrainant une perte de la biodiversité. Le sommet de Rio de

---

[1] Webographie
[2] Nutritionnelle, économique, sanitaire, environnementale, éducative, esthétique, récréative, sociale et culturelle

Janeiro de 1992 a été l'occasion d'une prise de conscience mondiale sur les enjeux globaux et locaux liés à la perte de la biodiversité (web 3a), de même que sur la responsabilité collective à gérer les ressources naturelles en tenant compte des générations futures. Cette prise de conscience s'est poursuivie avec le sommet mondial du développement durable de Johannesburg en 2001 (web 3b), où les aspects sociaux ont été mis au centre des problématiques environnementales et par la conférence de Nagoya en 2010 qui prônait l'accès et le partage équitable des ressources génétiques (CDB, 2012).

Le maintien des écosystèmes forestiers en Afrique Centrale est compromis par les activités humaines qui s'y développent. Les impacts identifiés se ressentent aux niveaux écologique, socioculturel et économique avec pour corollaire, la dégradation d'environ un million d'ha de forêts chaque année (web 4). En dépit de cette situation, la déforestation et la dégradation des forêts dans le bassin du Congo sont restées à un niveau faible soit 5,4 % de la perte mondiale des forêts tropicales humides entre 2000 et 2005 (FAO, 2011). Ces deux phénomènes, associés à l'expansion des activités de subsistance (agriculture et énergie), augmentent les effets négatifs sur ces écosystèmes (DE WASSEIGE et *al.*, 2012).

Les forêts du bassin du Congo couvrent une superficie totale estimée à environ 200 millions d'hectares, soit près de 91 % des forêts denses humides d'Afrique, constituant le second plus grand massif de forêts tropicales après le massif amazonien (CDB, 2009). Elles comprennent environ 70% de la couverture forestière de l'Afrique, abritent la diversité biologique terrestre la plus importante et constituent une forme de sécurité sociale importante dans des pays où la pauvreté et la malnutrition sont fréquentes (MEGEVAND et *al.*, 2012). Ces forêts qui ont une importance écologique capitale aux niveaux local, régional et mondial (PFBC et *al.*, 2005) sont également les plus menacées et moins de 12% de leur superficie sont couverts par des aires protégées (FAO, 2010). Selon MEGEVAND et al. (2012), ces forêts sont en proie à des phénomènes de déforestation et de dégradation qui sont largement associés à l'expansion des activités de subsistance dont l'agriculture et l'énergie qui sont soutenues par une urbanisation croissante.

La Réserve de Biosphère de Dimonika (RBD), une des aires protégées se trouvant dans l'un des pays du bassin du Congo (la République du Congo), est en proie à une pression anthropique venant des activités d'extraction artisanale de l'or (OYO, 1996 ; WATHA-NDOUDY 2008 ; SOLO, 2011 ; NKOUKA 2013) et de l'agriculture. Face à cette situation, nous nous posons la question suivante : comment les activités agricoles et d'orpaillage contribuent à la dégradation de l'écosystème forestier de la RBD ? L'objectif principal de cette étude est de décrire les impacts des pratiques agricoles et d'orpaillage sur l'écosystème forestier de la RBD. Spécifiquement, il s'agit d'identifier les pratiques agricoles et d'orpaillage ainsi que leurs impacts, de recenser les espèces d'arbres coupés lors de la réalisation de ces activités, de faire un lien entre les surfaces occupées par les deux activités anthropiques et la densité de déforestation et d'évaluer l'importance des impacts négatifs observés.

Ce travail s'organise en quatre (04) chapitres. Le chapitre 1 présente la situation des activités anthropiques dans les écosystèmes forestiers en République du Congo en général et dans la RBD en particulier ; le chapitre 2 présente la zone d'étude ; le chapitre 3, la méthodologie ; le chapitre 4, les résultats et discussion et enfin la conclusion.

Chapitre I : Écosystèmes forestiers en République du Congo face aux activités anthropiques

Faire un état des écosystèmes forestiers en République du Congo (RC) permettra, dans un premier temps, à énoncer les différents massifs et présenter leur importance socio-économique, écologique et biologique. Dans un deuxième temps, de se pencher sur le massif du Mayombe qui abrite la Réserve de Biosphère de Dimonika (RBD). Dans un troisième temps, de présenter l'hypothèse de recherche. Enfin, dans un quatrième temps, de faire un bref historique des activités agricoles et d'orpaillage et définir quelques concepts clés relatifs à cette étude.

I.1 Ecosystèmes forestiers en République du Congo

Située en Afrique centrale à cheval sur l'équateur, la RC s'étend sur une superficie de 342 000 Km^2 et est limitée au nord par le Cameroun et la République centrafricaine, au sud par l'Angola (enclave du Cabinda), à l'est par la République Démocratique du Congo (RDC) et à l'ouest par la République du Gabon et l'Océan atlantique. La population congolaise est estimée à 3 551 500 habitants (ECOM, 2006) avec une densité moyenne de 11 habitants par km^2, un taux de croissance démographique de 2,2 % (Banque Mondiale, 2010, cité dans PONGUI et al., 2012) et un taux de pauvreté estimé à 50,1% (CAZES, 1993). Cette population est composée de 51,7% de femmes et 48,3% d'hommes dont 58,4% vivent dans les principales villes du pays et 41,6% en milieu rural (MDDEFE et al., 2009).

Faisant partie des pays du Bassin du Congo, la RC dispose d'importants écosystèmes forestiers qui couvrent 65% du territoire national, soit une superficie de 22.471.271 ha. (FAO, 2010). Cette superficie estimée actuellement à 18,5 millions d'hectares (BAYOL et al., 2008), représente 12,4% des forêts du Bassin du Congo et 12% des forêts denses d'Afrique centrale (FAO, 1994, cité dans TCHINDJAND et BIZENGA, 2009). Les écosystèmes forestiers du pays se subdivisent en trois massifs d'importance inégale dont au sud du pays, le Mayombe dans le Kouilou (1,5 millions ha), le chaillu dans le Niari (4,4 millions ha) et le massif du nord-Congo (16,0 millions ha) (BAYOL et al., 2009). Ces derniers regorgent d'immenses richesses jouant un rôle socio-économique, écologique, environnemental et biologique majeur (UICN/PACO, 2012).

Sur le plan socio-économique, depuis l'indépendance en 1960 et jusqu'en 1972, les écosystèmes forestiers ont été les principaux pourvoyeurs de l'économie Congolaise (Atlas forestier interactif du Congo, 2007). L'exploitation du bois représentait plus de la moitié des exportations. Cependant, cette activité a été reléguée au second plan par le pétrole et contribue approximativement à 7% du PIB national (Atlas forestier interactif du Congo, 2007). Bien que mal connu, le secteur informel qui dépend des écosystèmes forestiers contribuerait aussi à l'économie du pays. En effet, 60 à 70% de la production agricole proviendraient des terres forestières[3], près de 120.000 familles tireraient leur alimentation des forêts, ce qui représente environ 400.000 actifs agricoles et de nombreux emplois seraient créés grâce aux forêts (KANWE et *al.*, 2013, cité dans KIMPOUNI, 2001).

Sur le plan écologique, les écosystèmes forestiers de la République du Congo rendent de précieux services aux niveaux local, régional et mondial. Aux niveaux local et régional, ils maintiennent le cycle hydrologique, contrôlent les crues pendant les périodes de forte pluviosité, purifient l'eau, assurent la pollinisation, fournissent la nourriture, l'eau, les combustibles; servent de lieu de connaissances, d'éducation, de récréation, de prière ; soutiennent la production primaire, le cycle des éléments nutritifs, les habitats et la production d'oxygène atmosphérique et le cycle de l'eau (MEGEVAND et *al.*, 2012). Ils régulent également le refroidissement climatique à l'échelle régionale grâce à l'évapotranspiration ainsi que l'atténuation de la variabilité climatique. Au niveau mondial, ces écosystèmes servent de puits de stockage du carbone et atténuent les effets anthropiques (MEGEVAND et *al.*, 2012).

Sur le plan Biologique, selon les inventaires, la flore compte environ 4.500 (6.000 selon AUBE, 1996, cité dans KIMPOUNI, 2001) spécimens sur une estimation de 6.000 à 8.000 espèces présentes dans l'aire[4]. Pour la faune, les résultats des inventaires (AUBE, 1996, cité dans KIMPOUNI, 2001) donnent : mammifères

---

[3] Cacao, café, palmier à huile, banane, taro, arachide, maïs, igname, etc.
[4] Toutes ces récoltent n'englobent que les trois groupes de végétaux supérieurs (Monocotylédones, Dicotylédones et Ptéridophytes).

(200 espèces), oiseaux (500 espèces), reptiles (5 espèces), poissons ± 700 espèces des eaux continentales (MAMONEKENE, 2006, cité dans KIMPOUNI, 2001).Quant aux autres groupes, la rareté de données n'incite pas à avancer des chiffres.

En dépit de ces innombrables services rendus, les écosystèmes forestiers en RC sont sujets à une perte de leur couverture végétale. Cette perte totale de couvert forestier a presque doublé entre 2000-2005 et 2005-2010 (FPBC, 2013) dont 51% se situent dans la forêt primaire de terre ferme, 34% dans la forêt secondaire et 18% dans la forêt marécageuse. Le taux le plus élevé concerne la forêt secondaire (6,7%) et le taux le plus faible la forêt marécageuse (0,3%) (PBC, 2013). De ce fait, si l'on s'en tient aux propos de DIAMOUANGANA (1995) et de l'UICN (1999) selon lesquels le massif forestier du Mayombe est considéré par la communauté scientifique comme celui le plus dégradé. Il s'avère impérieux de stopper cette dégradation.

Le massif du Mayombe
Comme pour l'ensemble des massifs forestier du pays, le massif du Mayombe dispose d'une importante richesse en ressources naturelles réparties sur trois aires protégées : la Réserve de Luki en République Démocratique du Congo, la Réserve de Dimonika au Congo et la zone de Cacongo en Angola (TCHINDJAND et BIZENGA, 2009). L'exploitation de ce massif a commencé timidement au début des années 30 et s'est accentuée après la Deuxième Guerre Mondiale et cela jusqu'à nos jours. Il contribuait à la production nationale à hauteur d'un peu plus de 70.000 m³ grumes/an, soit 11 % de la production totale (FASO, 2007). Les principales essences (FOSA, 2007) rencontrées dans ce massif sont l'Okoumé (*Aucoumea klaineana*) et le Limba (*Terminalia superba*) (MERTENS et *al.*, 2007). Ce massif a fait l'objet de plusieurs études depuis les années 1960 et est soumis à des fortes pressions dues à la surexploitation favorisée par la proximité du Port de Pointe-Noire (FOSA, 2007) et à une forte présence des populations qui font peser des menaces sérieuses sur l'ensemble de ses ressources (web 5).

D'après une étude menée au Congo par le Ministère de l'Economie Forestière et du Développement Durable (MEFDD, 2014), le taux de déforestation brut[5] de la région du Kouilou ne fait que doubler soit 1,20% (1990-2000) à 2,39% (2000-2010). D'après la même étude, le taux de déforestation nette[6] pour le district de Mvouti dans lequel se situe la RBD serait de +2,37%. Cette situation nous amène à nous intéresser à la RBD, objet de notre étude.

La Réserve de Biosphère de Dimonika

Une Réserve de Biosphère (RB) est un territoire qui satisfait aux critères du programme "MAB" (Man And Biosphère) de l'UNESCO. Elle consiste à promouvoir un mode de protection qui tient compte de la valorisation des ressources et des populations locales, principal acteur de cette protection (Comité de pilotage SDD, 2004). Une RB constitue un concept qui répond aux problèmes soulevés par les grandes Réserves et Parcs nationaux qui ont été institués, durant de nombreuses décennies et dans de nombreux pays, contre les populations[7] (COMITE DE PILOTAGE SDD, 2004). Elle remplit trois fonctions majeures : conservation des paysages, des écosystèmes, des espèces et des gènes ; Développement économique et humain respectueux des particularités socioculturelles et environnementales et, recherche et éducation[8] (COMITE DE PILOTAGE SDD, 2004). Créée par décret 88-181 du 1er mars 1988, la RBD couvre une superficie de 136.000 hectares (UICN/PACO, 2012), et se trouve à cheval entre la ville portuaire de Pointe-Noire et celle de Dolisie. Cependant, depuis la nomination du premier conservateur dans cette Réserve, aucun changement ne s'est produit quant à la protection des ressources naturelles (BATALOU et al., 2012). Les populations continuent à exploiter de façon illégale les ressources naturelles, tout en détruisant les parcelles de forêts, suite à l'abattage excessif des arbres à des fins énergétiques, commerciales et

---

[5] La déforestation brute correspond à la déforestation observée entre deux périodes.
[6] La déforestation nette correspond à la déforestation brute à laquelle on a retranché la reforestation sur la même période.
[7] Certaines populations ont été chassées de leurs territoires, d'autres se sont vues privées de ressources foncières ou agricoles...
[8] Mise en place de projets de démonstration et d'activités d'éducation environnementale et de formation, de recherche et de surveillance continue sur des problèmes locaux, régionaux, nationaux et mondiaux de conservation et de développement durable.

d'habitation (BATALOU et *al.*, 2012). Cette situation a pour conséquence, la menace sur certaines espèces végétales et leur disparition éventuelle. Face à cela, il serait intéressant de présenter les différentes menaces dont est sujet cette Réserve.

I.2 Causes et conséquences de la perte du couvert forestier

I.2.1 Augmentation de la population

Le peuplement du Mayombe a commencé au moment de la construction du chemin de fer Congo océan (SENECHAL, 1989). Il s'est poursuivi avec la construction de la route nationale 1 reliant Brazzaville et Pointe-Noire. En 1984, la population dans le district de Mvouti était de 19.000 habitants, soit une densité de 5,8 habitants/km^2. La présence des populations autour de la RBD et l'accès facilité par la route nationale 1 aux populations de Pointe-Noire et celles de Dolisie, accentuent la pression au niveau de cet écosystème avec pour corollaire, la destruction des habitats pour des besoins énergétique, de construction, d'extraction de matières premières et de la pratique d'une agriculture itinérante sur brûlis (UICN/PACO, 2012). Comme le stipule LUBINI (2013), partout dans les zones intertropicales du monde, les populations ont, par leurs activités, modifié très largement la structure, la composition floristique et faunique ainsi que le milieu édaphique de leurs écosystèmes forestiers.

I.2.2 Droits à la propriété des terres

En République du Congo, le code foncier est régi aussi bien par le droit coutumier que par le droit moderne. La terre, propriété de l'Etat, des familles, des communautés et des individus est difficilement accessible à cause de l'existence d'une réglementation, faisant que la possession d'une terre nécessite l'acquisition d'un titre foncier ou l'établissement d'un contrat d'occupation mensuel ou annuel. Cette situation fait qu'aujourd'hui, l'occupation d'une terre par les paysans soit accompagnée d'une redevance variant selon les départements et les zones où se réalise l'activité. De ce fait, les familles ou les communautés se trouvant dans cette situation exploitent des terres marginales et des zones de forêts où les terres sont facilement accessibles. Cela favorise un raccourcissement de la durée de la jachère, conduisant à un appauvrissement du sol et une érosion massive de la diversité végétale.

I.2.3 Agriculture itinérante sur brûlis

Face à une pauvreté croissante et à une forte demande en terres agricoles, la population congolaise se tourne vers la forêt qui constitue sa principale sinon unique source de revenu entrainant ainsi sa dégradation. Selon le rapport publié par le PNUD (2012), 31,2 % de la population congolaise réalise l'activité agricole et 31% utilise les terres pour cette activité. En effet, dans la RBD, la pratique de l'agriculture itinérante sur brulis par les communautés riveraines oblige ces dernières à rechercher des nouvelles terres cultivables tous les 2 ou 3 ans. Cette forme d'utilisation des terres constitue une vraie menace à long terme pour la conservation des habitats et pour leur connectivité, et ce, même dans les zones où les densités des populations restent encore très faibles (UICN/PACO, 2012). Cette situation conduit à un défrichement de plusieurs surfaces de terre et à une perte de la couverture végétale.

I.2.4 Exploitation forestière et minière

L'exploitation forestière et minière qui est faite par les grandes industries extractives constitue une sérieuse menace quant au maintien de l'intégrité de cette Réserve (UICN/PACO, 2012). Ces activités transforment certaines parcelles de forêts primaires en forêts secondaires et contribuent à la destruction des habitats et la perte de la biodiversité. De plus, les pratiques artisanales d'exploitation du bois et d'extraction de l'or ne restent pas sans conséquences sur cette Réserve. Elles contribuent aussi à la fragmentation des écosystèmes et à une perte du couvert végétal.

I.2.5 Faiblesse dans l'application de la Réglementation

Officiellement, le seul document qui sert de cadre réglementaire à la RBD est l'arrêté 88/181 du 1er mars 1988 portant création de cette Réserve (UICN/PACO, 2012). Face à cette difficulté, les gestionnaires de cette Réserve se contentent de la réglementation nationale existante. Cette dernière s'observe à travers les efforts de l'Etat à veiller à la protection et à la conservation de l'environnement contre toute pollution ou autres dégradations.

En effet, la constitution du 20 janvier 2002 qui, en ses articles 35 à 40, précise le droit de tout citoyen à un environnement sain et son devoir de le défendre ; la loi n° 003/91 du 23 avril 1991 sur la protection de l'environnement qui prévoit des dispositions[9] applicables à la protection des établissements humains, de la faune et de la flore, de l'atmosphère, de l'eau et des sols (MUKENDI, 2013) ainsi que le Plan national d'Action pour l'Environnement (PNAE, 1994, cité dans MEFDD, 2014) qui vise les objectifs de réduction de la dégradation des écosystèmes naturels et la conservation de la biodiversité, la lutte contre la dégradation des terres et des forêts[10], etc...

En plus, le Schéma National d'Aménagement du Territoire (SNAT, 2005, cité dans MEFDD, 2014) met l'accent sur la préservation de l'environnement et des écosystèmes et la préservation de la ressource forestière. De même, le Document de Stratégie de Réduction de la Pauvreté (DSRP, 2008 ; MEFDD, 2014) place la gestion durable des ressources naturelles au cœur des priorités nationales intégrant les secteurs de développement socio-économique aux questions environnementales.

Malgré ces avancées, des efforts sont encore nécessaires pour renforcer le cadre institutionnel, adopter et appliquer les mesures de sauvegarde environnementale et améliorer la gouvernance et l'exécution des régulations et des lois. En particulier, l'application de la réglementation est limitée par la faiblesse des capacités institutionnelles, notamment au niveau du ministère en charge de l'environnement et de l'administration forestière (SAMBA, 2013). En plus, l'accoutumance de la population locale avec les agents en charge de faire respecter la loi, l'insuffisance des ressources humaines, financières et matériels (cas de la Réserve de Biosphère de Dimonika) et le manque de rémunération des écogardes font que les défrichements dans des zones non autorisées ne sont que peu ou pas sanctionnés. Ceci conduit à une forte pression humaine avec pour corollaire l'érosion de la diversité biologique.

---

[9] Cette loi définit les règles applicables aux installations classées et précise les taxes et redevances y relatives
[10] Diminution du couvert végétal, érosion hydrique des sols, feux de brousse, pratiques agricoles, ensablement des cours d'eau

De plus, les guerres civiles qu'a connues le pays entre les années 1993 à 2000 pourraient aussi justifier la dégradation de cet écosystème suite aux déplacements répétés des populations à la recherche d'un abri sûr.

I.3. Hypothèse de recherche

La RBD est sous la menace des activités anthropiques qui dégradent l'écosystème. Au regard de tout ceci, on peut émettre l'hypothèse suivante : l'acuité des pratiques agricoles et d'orpaillage sur la dégradation de l'écosystème forestier de la RBD.

I.4 Bref historique des activités agricoles et d'orpaillage

I.4.1 Agriculture sur brûlis

En Afrique centrale, la pratique de l'agriculture dans la forêt représente une activité relativement récente. Depuis 50 000 ans, les agriculteurs Batous envahissaient la forêt et y ont mené une agriculture traditionnelle caractérisée par une longue rotation de défrichements, de cultures, de jachères, de reforestations secondaires et de nouveaux défrichements (PATIN, 2014).

Tenant compte du rapport du Ministère de l'Agriculture, de l'Elevage, de la Pêche et de la Promotion de la Femme (MAEPPF, 2003), entre 1965 et 1973, l'agriculture congolaise a connu une croissance de près de 4% par an. Depuis 1987, le secteur agricole accuse un taux de croissance négatif estimé à 3,4% pendant que la population croît à 3,4% chaque année. Les terres cultivées sont estimées à environ 200.000 ha hors jachères, soit 0,58% du territoire. La superficie agricole potentielle en culture traditionnelle est estimée à environ 10.154.000 ha, soit 29,7% du territoire nationale (UINC, 1999). La surface utilisée pour la culture et la jachère s'élèverait à environ 972.200 ha, soit 2,8% du territoire national et 9,5% de la surface agricole potentiellement utilisable.

Trois secteurs sont distingués : le secteur traditionnel, le secteur étatique et le secteur privé. Le secteur paysan (privé et traditionnel) exploite environ 70% de la surface agricole utilisée et produit 98% des produits vivriers[11] et la quasi-totalité

---

[11] Manioc, banane plantain, maïs, etc.

des produits d'exportation[12]. Le secteur d'Etat exploite environ 27% de la surface agricole utilisée et emploie 5% des actifs agricoles. Ce secteur produit 1,5% des produits vivriers et la totalité des productions d'huile de palme et de sucre de canne (UINC, 1999).

Selon Sénéchal et al. (1989), beaucoup de projets agricoles ont vu le jour dans le massif du Mayombe à partir des années 1920. Cependant, ces derniers se sont soldés par un échec considérable dû à une faible production et à un système agraire fortement traditionnel. Ce système se traduit par une agriculture familiale de défrichage sur brûlis, de type itinérant et dont les principales cultures étaient le manioc et la banane. En effet, l'activité agricole dans le Mayombe va prendre de l'ampleur à la fin de la construction du chemin de fer Congo océan et au démarrage de l'exploitation forestière vers les années 1950. De plus, l'introduction des tronçonneuses, pour la culture de la banane, a eu des effets nets sur le massif forestier, favorisant ainsi le déboisement et l'abattage de superficies relativement plus importantes de forêt. Au cours des années 1960, avec la démographie galopante, l'activité agricole s'est poursuivie par l'introduction des cultures de rente comme le caféier et le cacaoyer. A la fin du XIXe siècle, les populations Yombé de la zone, pratiquant une agriculture d'autoconsommation, ont introduit la banane « Gros Michel » grâce à M. Vigoureux, exploitant de bois et d'or installé à Dimonika. Cependant, les techniques culturales qui accompagnent ces cultures ont été et demeurent les plus dangereuses de l'environnement et se caractérisent par un défrichage sur brûlis de type itinérant[13], un abattage d'arbres et un désherbage[14] permanant du sol.

I.4.2 Orpaillage et conservation

L'exploitation artisanale de l'or ou orpaillage est une activité économique qui attire de nombreuses populations. Comme le montre GANDON (2007, cité dans KOUDIO, 2008), cette activité remonte à l'époque du néolithique en France. Elle se faisait et continue à se faire dans des rivières par la prospection, la batée et

---

[12] Café, cacao, tabac
[13] Polyculture vivrière à base du manioc
[14] Concerne la monoculture commerciale exemple la banane Gros Michel

par lavage (web 6). Les prospecteurs en France utilisaient des techniques comme la rampe de lavage, associée à une pompe d'eau et des dragues suceuses. Ces machines aspirent directement le gravier aurifère et déversent le mélange de sable et de gravier sur une rampe de lavage installée sur un radeau (web 6).

En Amérique, la Guyane française qui détient un potentiel aurifère très important estimé à 120 tonnes en or primaire (AURIEL et CEJI-IHEI, 2013) est en proie à des problèmes environnementaux liés à l'extraction artisanale de l'or. Certains orpailleurs clandestins en Guyane utilisent du matériel semi industriel pour exploiter le milieu (pelle mécanique, pompe à eau à haute pression « *lance monitor* », barge de dragage, etc.), ce qui a pour conséquence de détruire durablement les sites (MOULLET et *al.*, 2006). Cette activité qui n'est pas sans conséquence sur l'écosystème amazonien se caractérise par une déforestation, une érosion des sols, une augmentation de la turbidité des rivières, un accroissement de la pression de la chasse et de pêche et d'un important rejet de mercure (BRACHET, 1998). Ainsi, l'orpaillage favorise indirectement la mobilisation du mercure naturellement présent dans les sols et met aussi en circulation le mercure qui sert à amalgamer l'or. Face à cela, d'importantes dégradations s'exercent dans la forêt à l'abri des regards avec pour conséquences, des effets importants sur la santé des populations.

Selon GILLES (2013), en Afrique de l'Ouest, l'orpaillage est une activité pratiquée depuis des siècles. Elle reste aujourd'hui d'une importance capitale pour l'économie de la sous-région. Les techniques d'exploitation utilisées ont des répercussions tant sur la santé de la population que sur l'environnement. Celles-ci s'observent à travers le déboisement, la dégradation des sols, la pollution de l'air par la poussière et le monoxyde de carbone, du sol et de l'eau par les huiles usagées des moteurs et les produits chimiques (les piles usagées abandonnées au fond des puits contenant du manganèse et du plomb), la perte de la biodiversité. (KEITA, 2001 ; SOULEYMANE, 2008). En effet, la contrainte socio-économique emmène la population à fréquenter un environnement recouvert de puits d'or s'exposant aux effondrements ou aux éboulements (ORCADES NEWS, 2007, cité dans KEITA, 2001).

La présence d'or dans le Mayombe est connue depuis longtemps, les découvertes ont été faites à Kakamoeka en 1906, puis à les Saras et à Dimonika en 1927 (SOUCHENKO et AKIMOV, 1969, cité dans SCHWART et LANFRANCHI, 1990). Cet or exploité de façon semi-industrielle en 1935 et 1945 va se faire très rapidement de façon artisanale par les orpailleurs. Selon SOUCHENKO et AKIMOV (1969, cité dans SCHWART et LANFRANCHI, 1990), la production totale d'or pour le Mayombe était de 4,2 tonnes en 1962 dont 1,7 tonne pour Kakamoeka et 2,5 tonnes pour Dimonika mais sur ce total, 2,5 tonnes ont été collectées pendant les seules années 1939-1945. Le Rapport de l'Initiative de Transparence des Industries Extractives (ITIE, 2012), l'activité minière congolaise demeure encore artisanale et le pays comptait 200 sites d'orpaillage en 2012. À ce jour, le PNUD (2013) estime plus de 4 000 artisans miniers, essentiellement des orpailleurs, en activité au Congo. La plupart de ces sites sont situés principalement dans les massifs forestiers. C'est à partir des années 1996, que les premières études sur l'orpaillage et ses impacts sur l'environnement vont être menées dans le Massif forestier du Mayombe (OYO, 1996).

I.5 Définitions de quelques concepts

L'Ecosystème est un « *complexe dynamique formé de communautés de plantes, d'animaux et de micro-organismes et de leur environnement non vivant interagissant comme une unité fonctionnelle* ». *Les différents types d'écosystèmes comprennent des forêts, des prairies, des zones humides, des montagnes, des zones côtières, des lacs et des déserts* (PNUE, 2008).

Le terme **Forêt** varie selon la surface, la densité, la hauteur des arbres et le taux de recouvrement du sol. Selon la FAO, « *la forêt est un système écologique couvrant au moins 10 % du sol sur plus de 0,5 ha et de plus de 20 m de large avec des arbres d'au moins 5 m de haut (ou capable d'atteindre ces dimensions), mais n'étant soumis à aucune pratique agricole* » (UICN comité France, 2013). Cependant, le code forestier congolais dans sa loi n°16-2000 du 20 novembre 2000 considère comme forêts, « *toutes les formations végétales naturelles ou artificielles, à l'exception de celles résultant d'activités agricoles ; les parties de* *terrains non-boisées ou insuffisamment boisées dont le reboisement et/ou la restauration sont reconnus nécessaires ».*

Depuis quelques années des espaces de conservation sont circonscrits dans les zones forestières pour la protection des ressources naturelles. C'est le cas des **Aires protégées qui sont** *« des espaces géographiques clairement définis, reconnus, consacrés et gérés, par tout moyen efficace, juridique ou autre, afin d'assurer à long terme la conservation de la nature ainsi que des services écosystémiques et des valeurs culturelles qui lui sont associés »*. Leur objectif essentiel est de sauvegarder la biodiversité. Cependant leur gestion peut se faire dans plusieurs optiques comme: la recherche scientifique, la protection d'espèces sauvages, le maintien des fonctions écologiques, la protection d'éléments naturels ou culturels particuliers, le tourisme, l'éducation (UICN, 2008).

Ces aires abritent une diversité biologique ou **Biodiversité** désignant la *« variabilité des organismes vivants de toute origine y compris, entre autres, les écosystèmes terrestres, marins et autres écosystèmes aquatiques et les complexes écologiques dont ils font partie ; cela comprend la diversité au sein des espèces et entre espèces ainsi que celle des écosystèmes »*. (CDB, 1992). Au jour d'aujourd'hui cette biodiversité est menacée par des activités humaines, comme l'**Agriculture** qui est une *« activité économique dont le but est la satisfaction des besoins humains, considérés comme essentiels, aussi bien par leur importance que par leur permanence (…) »*. Pour satisfaire ces besoins, l'activité agricole met en œuvre des moyens impliquant l'intervention de facteurs naturels et de phénomènes biologiques (…) complexes, dans un contexte d'aléas qui nécessite des ajustements et des adaptations aux conditions du milieu et du climat (LE ROUX et *al.*, 2008, p.7). L'**Orpaillage** quant à lui, correspond à *« l'exploitation artisanale de l'or sur les gisements éluvionnaires (flancs des collines) et sur les gisements alluvionnaires (lits des cours d'eaux) »* (AURIEL et IHEI, 2013). Ces activités par leurs **pratiques**, *« action ou ensemble d'actions qui influent sur la terre et les ressources naturelles associées »* (Web 7), conduisent à des **Impacts environnementaux** c'est-dire à toutes *« modifications de l'environnement, négatives ou bénéfiques, résultant totalement ou partiellement des aspects environnementaux d'un organisme »* (ROGER, 2008) qui a leur tour, affectent les **Aspects environnementaux,** définis par la norme ISO 14001 : 2004 comme tout élément des activités, produits ou services d'un organisme susceptible d'interaction avec l'environnement (ADU, 2004).

I.6 Intérêt de l'étude

Par la richesse de son milieu, la Réserve de Biosphère de Dimonika est un lieu par excellence pour faire des recherches, le tourisme, fournir les biens et services aux populations et lutter contre le réchauffement du climat. Cependant, face aux phénomènes de déforestation et de dégradation qui surviennent actuellement dans cette Réserve dus aux activités anthropiques, une attention particulière devrait lui être accordée. C'est pourquoi, cette étude menée dans le cadre de l'obtention d'un master en Gestion de l'environnement, va permettre d'interpeller les décideurs au niveau international, régional, national et local sur les dangers que représentent les deux phénomènes cités ci-dessus pour la conservation de cet écosystème particulier.

Les pressions auxquelles est assujettie la Réserve de Biosphère de Dimonika sont à l'origine de sa dégradation. Les problèmes identifiés sont une agriculture itinérante sur brûlis, une faible application de la réglementation, l'exploitation des ressources naturelles et de l'or. Ainsi, dans le chapitre suivant, nous allons présenter la zone d'étude et la méthode utilisée pour mener cette étude.

Chapitre II : Présentation de la zone d'étude et méthode de recherche

Pour mieux se situer dans la thématique de ce sujet, nous allons présenter la situation et les limites géographiques, les milieux physique, biologique et humain. Faire, mention du cadre légal et institutionnel de la gestion des ressources de la biodiversité et un aperçu de l'étude d'impacts environnementaux en République du Congo. Enfin, présenter la méthode de recherche de cette étude.

II.1 Présentation de la zone d'étude

II.1.1 Situation et limites géographiques

La Réserve de biosphère de Dimonika est située dans le district de Mvouti, dans le département du Kouilou, au sud de la République du Congo et se trouve à cheval entre la ville portuaire de Pointe-Noire et celle de Dolisie. Elle est limitée au nord par la rivière Loubomo ; au sud par la Route Nationale n°1, à l'est par le méridien entre 12°12' et 12°32'30'' Est, entre la rivière Loubomo et la Route Nationale n°1, et à l'ouest par le fleuve Kouilou, du confluent de la Loubomo jusqu'au confluent avec la rivière Ngoma na Ngoma, puis par le méridien passant par le confluent (12°12' Est) jusqu'à la Route Nationale 1 (figure 1) (BATALOU et *al.*, 2010).

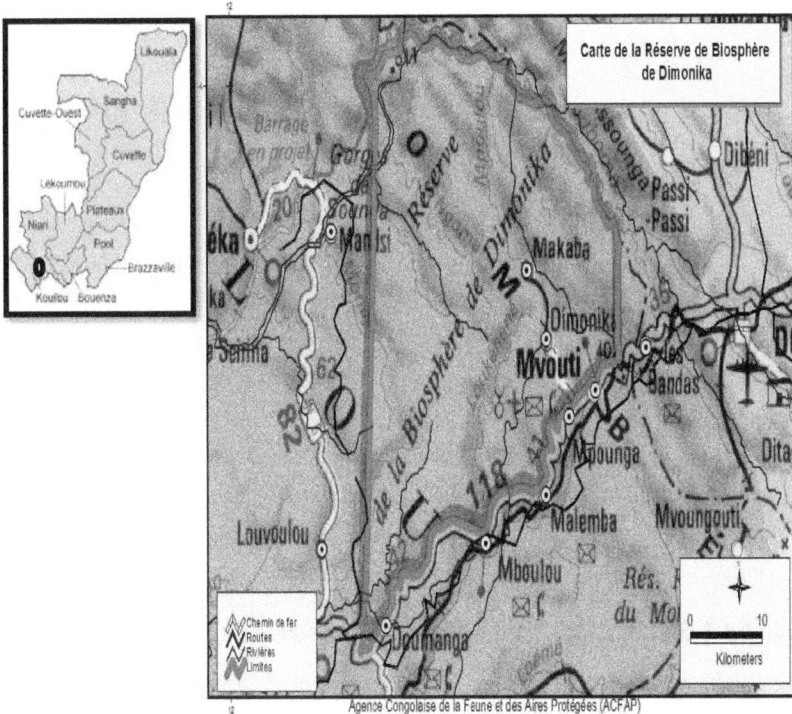

Figure 1 : Réserve de Biosphère de Dimonika
Source : Agence Congolaise de la Faune et des Aires Protégées
(ACFAP), 2013

II.1. 2 Milieu Physique

II.1. 2.1 Climat

Le climat dans le massif du Mayombe est généralement chaud et humide. Il présente à la fois des traits équatoriaux, tropicaux et océaniques. La prédominance équatoriale se caractérise par une pluviométrique annuelle abondante (1.200 à 1.900 mm), deux saisons de pluie (janvier-mai et novembre-décembre), une chaleur élevée (23-24°C) et des faibles écarts thermiques saisonniers. L'humidité relative est plus grande en saison sèche qu'en saison des pluies, contrairement à ce qui se passe dans les autres régions du pays. Les traits tropicaux se manifestent par l'existence anormale d'une longue saison sèche de 4 à 5 mois (juin-octobre). Selon SAMBA KIMBATA (1991, cité dans DIAMOUANGANA, 1995), la proximité de l'océan atlantique, l'altitude et la végétation forestière donnent au climat du Mayombe un cachet particulier au Congo méridional avec une humidité relative de l'air excessive (84 à 90 % avec un régime inversé, au maximum en saison sèche).

II.1.2.2 Topographie de la région

La Réserve de Biosphère de Dimonika est située dans la chaîne montagneuse du Mayombe qui s'étend parallèlement à la côte Atlantique sur plus de 1.000 km de long, depuis le Gabon jusqu'en RDC. Étroite au Gabon (30 km de large), la chaîne montagneuse du Mayombe s'élargit progressivement vers le sud et atteint 80 km de large en République du Congo, (DIAMOUANGANA, 1995). Au Congo, elle constitue une région très montagneuse d'altitude peu élevée qui culmine au Mont Foungouti à 930 m. Le relief est très accidenté. D'une superficie d'environ 10.000 km², la chaîne est couverte par une forêt équatoriale rendant les accès difficiles (MEFDD, 2012).

II.1.2.3 Géologie et géomorphologie des sols

La chaîne du Mayombe s'est mise en place au précambrien, par suite de plissements qui ont été transformés pénéplaines en plusieurs phases. Un nouveau soulèvement eut lieu au crétacé, suivi de l'érosion responsable du relief actuel. La stratigraphie est complexe et composée : de trois faciès de granite, mais surtout des schistes, des quartzites, des gneiss, des grès et des amphibolites sans compter des intrusions de dolérite (DIAMOUANGANA, 1995).

Le Mayombe comporte des sols anciens, à l'abri de l'érosion et des sols jeunes aux pentes et à l'érosion active, même sous la forêt. L'érosion est d'autant plus active que les pentes sont fortes et les textures légères, ce qui entraîne un amincissement de l'épaisseur du sol (BATALOU et al., 2010).

Tous ces sols sont chimiquement pauvres, fortement désaturés, très acides et le pH en surface peut être très bas (de l'ordre de 3,5 sur les sols issus de roches schisteuses). Les sols issus de roches métamorphiques acides sont des sols ferralitiques à texture argile-sableuse avec un horizon caillouteux plus ou moins profond qui permet en général la culture de la banane et du manioc.

II.1.2.4 Hydrographie

Le réseau hydrographique est assez dense et s'organise autour de deux bassins fluviaux : le Kouilou, alimenté par la Loubomo, la Ngoma na Ngoma et la Loukamba, puis la Loémé dont le principal affluent, dans la Réserve de biosphère, est la Loukénéné qui, elle-même a comme principal affluent la Loukou.

II.1.3 Milieu Biologique

II.1.3.1 La flore

La flore du Mayombe est très insuffisamment connue et les études menées sont générales. Seules quelques récoltes fragmentaires effectuées le long de la voie de communication Dolisie-Pointe-Noire, à proximité de la route Sounda à Kakamoéka ou près de la station de recherche de Mbuku Nsitu et Dimonika sont connues. A l'intérieur du Mayombe congolais, on peut distinguer trois secteurs : un secteur forestier avec cinq sous-secteurs ; une mosaïque de forêts dégradées et de savanes de substitution ; un mélange sublittoral dominé par des savanes secondaires et des pseudo-steppes de dégradation extrême (SENECHAL et al., 1989). Selon les mêmes auteurs, il existe 662 genres et 1305 espèces dans le Mayombe. Cette forêt se classe à la limite entre les forêts sempervirentes à *Strombosio parinarietea* et plus particulièrement à *Gilbertiodendretalia dewevrei* et les forêts semi-catucifoliées des Piptadenio-Cetidetalia (BAYOL et al., 2009).

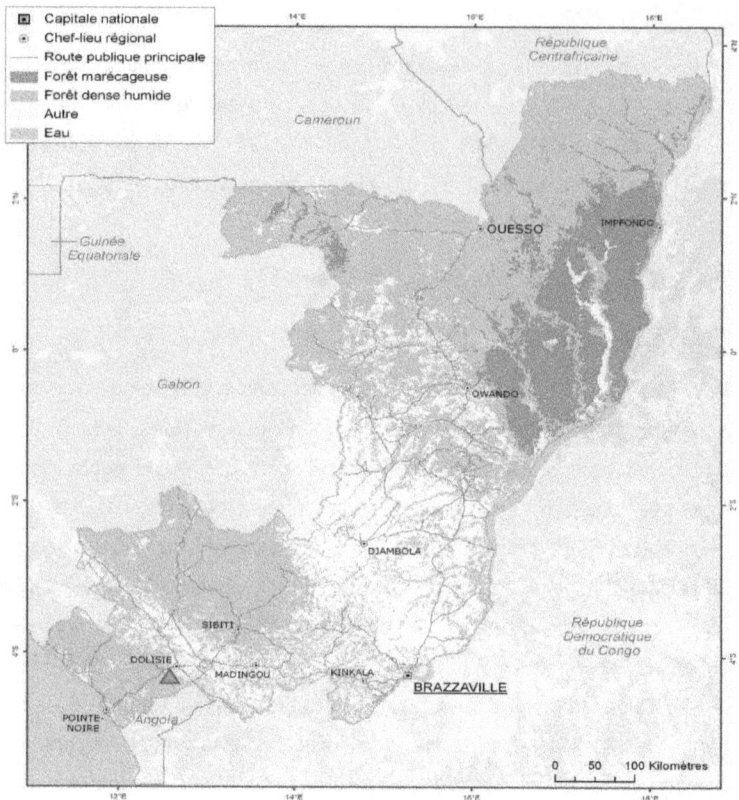

Figure 2 : Carte détaillée de la végétation du
Source : Atlas forestier Interactif du Congo, 2007

II.1.3.2 La faune

La faune est abondante et variée, les groupes les plus connus à ce jour sont : les Coléoptères (cétoines, scarabées, longicornes) ; les lépidoptères de nuit (attacidés, spingidés) ; les phlébotomes ; les termites (*Thoracotermes macrothorax* et *Macrothermes mulleri*) ; les poissons ; les serpents (41 espèces de 5 familles dont *Bitis gabonica*, *Naja melanoleuca* et *Dendroaspis jamesonii*) et les mammifères (DIAMOUAGANA, 1995).

II.1.4 Milieu Humain

II.1.4.1 Population

D'après les résultats du recensement de 1984, la Sous-préfecture de MVouti comptait près de 19 000 habitants. Cependant, les données démographiques disponibles dans cette même Sous-Préfecture en 2010, évaluent la population (tableau 1) des quatre principaux villages situés au sein et en périphérie de la Réserve de biosphère (Mvouti, Pounga, Les Saras et Dimonika) à 7.266 habitants soit 28% de la population du District (NSENGA, 2012).

Tableau 1 : Répartition de la population dans les Villages de la RBD

Villages	Effectif des habitants
Mvouti	1.601
Les Saras	3.692
Pounga	1.559
Dimonika	414
Total	**7.266**

Source : NSENGA, 2012

En effet, la Sous-préfecture de Mvouti a connu la plus forte immigration du monde rural congolais et plus d'un tiers des habitants de la zone sont des migrants. Ces populations proviennent des régions congolaises voisines comme celles du Niari, de la Bouenza, du Pool et de la Lékoumou, mais aussi, des pays voisins surtout de la République Démocratique du Congo (RDC), et de l'enclave de l'Angola (Cabinda). L'essentiel de cette population est concentrée le long de la voie ferrée. Selon NSENGA (2012), les groupes ethniques rencontrés par ordre d'importance numérique sont les suivants : les Yombé, Pounou, Tsangui, Lari, Dondo, Bembé, Kougni,Soundi, Kongo.

II.1.4.2 Les activités humaines

Les activités humaines menées dans cette Réserve sont pour la plupart orientées vers l'agriculture, la pêche, la chasse (DIAMOUANGANA, 1995) et l'exploitation artisanale du bois et de l'or.

II.1.5 Importance socio-économique de la Réserve de Biosphère de Dimonika

La RBD regorge d'un potentiel naturel important qui d'ailleurs reste mal connu. Comme pour l'ensemble du pays, à peine cinq (05) millions d'hectares, soit environ 25% de la superficie forestière, ont été inventoriés à des taux de sondage très faibles de 0,2-2,5% (HECKETSWEILER, 1990). Les ressources dont disposent la RBD sont utilisées par les populations riveraines, lesquelles exploitent les terres, extraient les PFNL, les minéraux et puisent leur source en énergie pour la cuisson, le chauffage et pour la construction. En marge des bénéfices sus cités, la RBD a une valeur spirituelle pour les populations riveraines, à travers l'utilisation des grottes comme sanctuaires de prière et culturelle, à travers la préservation de certaines espèces animales et végétales. Cette observation témoigne bien du lien qui existe entre les populations riveraines et ce massif, car l'exploitation de ce dernier est un héritage des générations antérieures.

II.1.6 Organisation Administrative et conservation des écosystèmes forestiers en République du Congo

La RBD est administrée par une équipe constituée officiellement d'un conservateur, d'un conservateur adjoint, d'un agent des eaux et forêts et d'une équipe d'écogardes[15].

En signant la convention cadre de la diversité biologique (1996) et poursuivant les objectifs du sommet de la terre de Rio de Janeiro, le Congo s'est inscrit aux enjeux globaux et locaux liés à la conservation des écosystèmes naturels en tenant compte des générations futures. De même sur la responsabilité collective à gérer les écosystèmes naturels en tenant compte des générations futures. C'est dans cette perspective qu'ont été créées plusieurs aires protégées qui contribuent à la protection de ces écosystèmes. A cet effet, le Congo compte aujourd'hui 18 aires protégées (AP) représentant près de 11% du territoire national (UINC/PACO, 2012) avec une superficie de 4.179.200 ha, soit 13,1% de l'ensemble du pays. La gestion de ces AP est sous la responsabilité de l'Agence Congolaise de la Faune et des Aires Protégées (ACFAP) qui dépend de la

---

[15] Employé d'une collectivité locale affecté à la surveillance de l'environnement

Direction de la Faune et des Aires Protégées (DFAP). Ces deux structures sont sous la tutelle du Ministère du Développement Durable, de l'Economie Forestière et de l'Environnement (MDDEFE). Cependant, la création des aires protégées n'exclut pas les problèmes liés aux pressions que subissent les écosystèmes forestiers (DUPUY et al., 1999). Face à cela, la conservation reste toujours une situation difficile d'autant plus que la démographie et la pauvreté constituent un frein majeur à sa réalisation.

II.1.7 Cadre légal et institutionnel de la gestion des ressources de la Biodiversité

Le Congo a signé et ratifié plusieurs accords internationaux et locaux sur la protection de l'environnement. Au plan international, l'engagement du Congo à la conservation et à la gestion de ressources naturelles se justifie par son adhésion à un certain nombre de Conventions et Accords internationaux notamment ceux de : Londres (faune africaine) 1933 ; Alger (conservation africaine de ressource naturelle) 1981 ; Washington (CITES) 1982 ; Libreville (faune centrafricaine) 1984 ; Convention sur la protection du patrimoine mondial, culturel et naturel (1985) ; Vienne (Protection de la couche d'ozone) 1994 ; Ramsar (Zones humides d'importance internationale) 1996 ; Lusaka (le commerce illégal de faune) 1996 ; Rio de Janeiro (biodiversité, changements climatiques) 1996 ; Bonn (espèces migratrices) 1999 ; Paris (désertification) 1999 ; Protocole de Kyoto (changement climatique), 2006 (MDDEFE et al., 2009). Au niveau régional, le Congo est membre de la COMIFAC[16] qui est une structure sous régionale de coordination des stratégies pour la conservation et la gestion durable des écosystèmes de forêts en Afrique centrale. Il est également membre du partenariat pour les forêts du bassin du Congo (PFBC). Il s'est engagé à gérer durablement les ressources naturelles et a établi des partenariats avec plusieurs ONG Internationales[17].

---

[16]Commission des Forêts d'Afrique Centrale
[17] WCS, Fondation ASPINAL, WWF, etc.

II. 1.8 Aperçu de l'Etude d'impacts environnementaux en République du Congo

La RC est régie par des textes juridiques qui encadrent la procédure d'Etude d'Impact Environnemental (EIE). Il s'agit notamment, de la loi n°003/91 du 23 avril 1991 sur la protection de l'environnement et le Décret n° 99-149 du 23 août 1999 instituant le Fonds pour la Protection de l'Environnement (FPE) prévu par cette loi. Ces deux textes sont complétés par le Décret n°98-148 du 12 mai 1998 portant attributions et organisation de la Direction Générale de l'Environnement (DGE), chargée de gérer la procédure EIE ; le Décret n° 86/775 du 7 juin 1986 rendant obligatoire les EIE et l'Arrêté n°86/MIME/DGE du 6 septembre 1999 fixant les conditions d'agrément pour la réalisation des EIE. Le Décret n° 86/775 du 7/6/86 rend obligatoire les EIE pour tous projets d'aménagement, d'ouvrage, d'équipement, d'unité industrielle, agricole et commerciale. L'aménagement[18] rural, l'extraction[19] des matériaux et les infrastructures de transport sont parmi les travaux soumis à l'EIE.

La RBD dispose d'un potentiel inestimable en ressources naturelles. La gestion de ces dernières est sous la responsabilité de l'Agence Congolaise de la Faune et des Aires protégées (ACFAP) qui dépend de la Direction de la Faune et des Aires Protégées (DFAP). Ces deux structures sont sous la tutelle du Ministère du Développement Durable, de l'Economie Forestière et de l'Environnement (MDDEFE). En plus, le pays dispose d'un cadre légal et institutionnel sur la gestion des ressources naturelles et sur l'étude d'impacts environnementaux. Pour cela, une étude détaillée selon une méthode logique devrait être réalisée pour analyser les effets de la pression à laquelle est assujettie cette Réserve.

II.2 Méthode de recherche

La méthodologie choisie s'est articulée sur la collecte des données sur le terrain, l'identification des impacts, le traitement et l'analyse des données. Pour ce faire,

---

[18] Défrichement des bois et forêts, travaux agricoles sur de grandes surfaces et l'utilisation des machines agricoles, des pesticides et des engrais
[19] Exploitation des carrières, travaux miniers à terre en mer du cours d'eau

nous avons fait usage de la démarche hypothético-déductive qui a consisté à formuler une hypothèse qui été vérifiée lors de l'étude sur le terrain.

II.2.1 Critères de choix et d'identification de la zone d'étude

Trois critères nous ont permis de choisir notre zone étude : la proximité de la zone aux villes de Pointe-Noire et de Dolisie, le degré de pressions et la densité de la population. L'identification s'est faite sur la base des activités qui sont menées dans les villes qui sont de la Réserve.

II.2.2 Choix de l'échantillon

Le choix de l'échantillon s'est fait de façon stratifiée sur une population cible dont les activités principales sont l'agriculture et l'orpaillage et un quota de vingt (20) enquêtés par village était prévu. Comme l'indique le tableau 2, le nombre total de personnes interrogées est de 100 et la distribution par village est relative à l'effectif des personnes enquêtées. Il ressort de ce tableau 2 que les villages de Dimonika, Mvouti, Pounga et les Sara sont les plus représentés (20%) par rapport à ceux de Kouila et Makaba (10%). Cette disparité dans la distribution des effectifs est due à la fréquence de visite de chaque village (cinq fois pour certains et trois fois pour d'autres), de même par la présence des paysans dans les villages.

Tableau 2 : Effectifs des enquêtés par village

Villages enquêtés	Fréquence (%)
Dimonika	20
Mvouti	20
Pounga	20
Les Sara	20
Kouila	10
Makaba	10
Total	**100**

II.2.3 Collecte des données

La collecte des données s'est faite par une revue documentaire et des travaux de terrain dans quelques sites où sont menées les deux activités étudiées.

II.2.3.1 Revue documentaire

Elle consistait en la consultation des documents en relation avec notre thématique d'étude, dans les bibliothèques, les ministères, les directions en charge des forêts et les sites internet. Cette phase a également permis de passer en revue les différentes méthodologies d'Etude d'Impact Environnemental et Social (EIES).

II.2.3.2 Travaux de terrain

Six (06) villages (Les Sara, Dimonika, Mvouti, Pounga, Kouila, Makaba) qui sont dans la RBD ont été visités pendant un (01) mois. Pour cela, une enquête semi-directive a été réalisée auprès de la population cible, un entretien avec les agents de la Réserve et le sous-préfet. Une évaluation des impacts des pratiques agricoles et d'orpaillage, sur cinq (05) sites d'orpaillage et quinze (15) parcelles d'agriculteurs (Annexe 1), a été faite à l'aide d'une grille d'évaluation d'impacts. Le choix des parcelles et des sites a été fait de façon aléatoire dans les différents villages enquêtés. Cela, en tenant compte de la superficie et de la densité des activités menées.

Enquête

Les outils utilisés pour l'enquête ont été un questionnaire, un guide d'entretien et une grille d'évaluation des impacts.

La fiche d'enquête (*Annexe 2*) contient six (06) grandes parties : nom du village, identification de l'enquêté, activités menées par l'enquêté ; les pratiques des activités menées ; catégorisation des pratiques suivant leur degré de dégradation, nature des espèces coupées, influence de la route nationale 1 dans la réalisation de ces activités et mode de conservation des ressources par les paysans.

Le guide d'entretien (*Annexe 3*) a porté sur les points suivants : service de l'enquêté, poste occupé par l'enquêté, nature des activités menées dans la Réserve, activités ayant plus d'impacts et mode de conservation de la Réserve.

II.2.4 Grille d'évaluation des impacts

La grille utilisée (*Annexe 3*) pour cette étude a été celle de Martin Fecteau (1997, cité dans VALIQUETTE, 2008 et ALLANDIGUIBAYE, 2009). Elle nous a permis d'identifier et d'évaluer les impacts significatifs des aspects environnementaux dans certaines parcelles et sites en activité dans la RBD. Les impacts identifiés sont ceux engendrés par les activités agricoles et d'orpaillage.

II.2.5 Traitement et analyse des données

Le traitement et l'analyse des données ont été effectué à partir du logiciel *Sphinx plus²-Edition lexica V5* et *Excel*. Le logiciel *Sphinx* nous a permis d'élaborer le questionnaire d'enquête, le guide d'entretien, de faire le dépouillement à l'issue de notre enquête et d'obtenir les résultats de notre étude sous forme de tableaux. Ces derniers résument les tendances nettes de chaque facteur étudié en faisant des croisements ou des regroupements de certains facteurs qui semblaient identiques. Excel a permis de faire des graphiques.

II.2.6 Méthode d'identification des impacts

L'identification des impacts s'est faite par l'interrelation entre les sources d'impacts significatifs et les composantes des milieux physiques et biologiques affectées par les différents aspects environnementaux (AE). Les sources d'impacts ont été identifiées en tenant compte des AE concernées.

II.2.6.1 Évaluation des impacts

Plusieurs méthodes ou grilles d'évaluation existent pour analyser les impacts potentiels de certaines activités sur l'environnement. Les plus utilisées sont notamment, la grille mise au point par la division Environnement d'Hydro-Québec au Canada en 1995, celle relative à la méthode de diagnostic agro-environnemental géographique (DAE-G) (PESCHARD et *al.*, 2004 ; OSSARD et *al.*, 2009), la grille de Martin FECTEAU de 1997, etc. Ces grilles ne présentent pas de différences fondamentales, cependant, la grille de FECTEAU prend en compte la résilience du milieu récepteur[20]. De ce fait, pour notre étude, c'est la grille de FECTEAU qui a été utilisée. Cette dernière repose sur quatre (04) critères ayant la même valeur et permettant d'établir l'importance absolue des impacts (ROCHE, 2012). Parmi ces critères on distingue :

---

[20]C'est la capacité propre d'un système de se réorganiser ou « d'apprendre et de s'adapter » à la suite d'une perturbation.

Intensité : elle est fonction de l'ampleur des modifications ou de la perturbation que subissent les composantes du milieu par rapport aux AE. L'intensité est dite **faible** si elle affecte un ou deux aspects de l'environnement, **moyenne** si deux à cinq AE sont affectés ou **forte** si elle affecte plus de cinq aspects de l'environnement.

Étendue : elle exprime la portée spatiale des effets générés par une intervention dans le milieu et se réfère à la distance ou à la surface sur laquelle sera ressentie la perturbation. L'étendue est **ponctuelle** si elle affecte un élément environnemental situé à l'intérieur, à l'emprise ou à proximité des activités ou encore, lorsque l'impact est ressenti dans un espace réduit et bien circonscrit dans l'emprise des activités ; **locale** si elle se limite à la zone de réalisation de l'activité et **régionale** si elle affecte la Réserve ou va au-delà de la Réserve.

Durée : elle fait référence à la dimension temporelle de l'impact. Elle évalue la période pendant laquelle les effets seront ressentis dans le milieu. Cette période peut être le temps de récupération ou d'adaptation de l'élément affecté. La durée est **courte** si l'impact est ressenti de façon continue ou discontinue pendant la période de réalisation de l'activité, **moyenne** si l'impact est ressenti de façon continue ou discontinue sur plus d'une année jusqu'à quelques années suivant la fin des activités et **longue** si l'impact est ressenti de façon continue ou discontinue pendant toute la durée de vie des activités.

Nature de l'impact :

La nature de l'impact peut être positive, négative ou indéterminée. Un impact positif engendre une amélioration de la composante du milieu touché par les activités tandis qu'un impact négatif contribue à la détérioration de ce dernier. Un impact indéterminé est un impact qui ne peut être classé comme positif ou négatif ou encore qui présente à la fois des aspects positifs et négatifs.

Il sied de noter que la corrélation des différents critères permet d'établir une appréciation de l'importance de l'impact. Ainsi, un impact à une **importance majeure** si les répercussions sur le milieu sont très fortes et peuvent difficilement être atténuées, une **importance moyenne** si les répercussions sur le milieu sont appréciables mais peuvent être atténuées par des mesures spécifiques et une

importance mineure si les répercussions sur le milieu sont significatives mais réduites et exigent ou non l'application des mesures d'atténuation.

Ainsi, les combinaisons possibles entre les différents critères permettent de déterminer l'importance des impacts. La grille de FECTEAU est donnée en *Annexe 3*.

II.2.6.2 Détermination des sources d'impacts et des composantes du milieu

La RBD qui est sujet à plusieurs pressions comme indiqué au chapitre 1, a plusieurs sources d'impacts. Telles : l'agriculture, l'orpaillage, l'exploitation artisanale du bois, la chasse, la pisciculture et l'élevage. Cependant pour cette étude, deux sources d'impacts ont retenu notre attention : l'agriculture et l'orpaillage.

Parmi les composantes du milieu touché par ces deux activités, on tiendra compte du milieu physique (sol, l'eau et l'air) et du milieu biologique (la végétation arborescente et herbacée). Pour ce qui est de l'eau, on va s'intéresser à la turbidité ; le sol, l'érosion, les propriétés physiques, et biologiques. Pour la flore (strate herbacée, arbustive et les plantes endémiques), on tiendra compte de l'ensemble de la végétation et des plantes endémiques détruites lors de la réalisation des activités.

Etant donné que notre étude n'est pas réalisée dans le cadre d'un projet, nous ne pouvons pas ici proposer des mesures d'atténuation comme l'impose la méthode de FECTEAU. Pour cela, nous ferons des recommandations sur les bonnes pratiques à utiliser afin d'atténuer la pression dans cette Réserve.

La richesse dont dispose la RBD et l'intérêt de concilier l'homme et son milieu ne devraient pas laisser une certaine habitude aux populations riveraines habitants cette zone d'extraire les ressources sans respecter les normes environnementales, ni d'oublier les générations futures. C'est pourquoi, nous nous sommes résolus à mener des enquêtes, des entretiens et évaluer les impacts observés sur le terrain afin de prendre connaissance de la situation actuelle dans cette Réserve.

Chapitre III : Résultats et discussions

Dans ce chapitre, il s'agira de présenter les résultats des différentes méthodes de collecte de données utilisées pour cette étude et de discuter certains d'entre eux, tout en se basant sur la littérature.

III.1 Résultats des enquêtes

III.1.1 Activités menées dans la Réserve

La figure 3 montre que 97% des enquêtés présentent l'agriculture comme étant l'activité la plus pratiquée dans la Réserve suivie de l'orpaillage (68%), de la collecte des PFNL (59%) et de la chasse (54%). Le sciage artisanal et la pisciculture sont les plus faiblement représentés avec respectivement 34% et 19%.

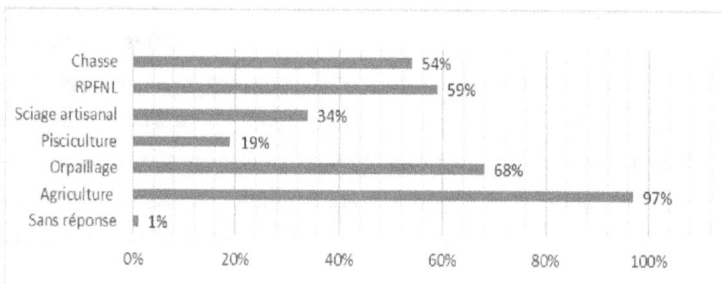

Figure 3 : Activités réalisées dans la RBD

Les réponses des enquêtés peuvent se justifier par le fait que le milieu rural est caractérisé par la disponibilité des terres pour la pratique de l'agriculture par les populations. En plus, ce dernier permet d'obtenir des rendements importants en produit agricole en raison de la qualité du sol et de l'importance des acteurs intervenant dans cette activité.

III.1.2 Pourcentage des enquêtés par activités

Il ressort de cette enquête que 55% des enquêtés pratiquent l'agriculture et 45% l'orpaillage (figure 4). Ces résultats confirment bien l'importance de ces deux activités dans la zone, d'autant plus qu'elles contribuent à améliorer les conditions de vie des populations et demeurent parmi les activités les plus faciles à exercer de la zone.

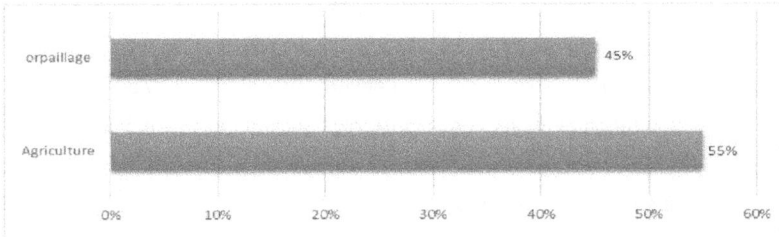

Figure 4 : Pourcentage des enquêtés par activités

III.1.3 Ancienneté des enquêtés dans la réalisation de leurs activités

Il se dégage de la figure 5 que la plus grande partie des enquêtés ont une ancienneté supérieure ou égale à 12 ans soit 65% dans l'activité menée. Cette observation se justifie par le fait que ces enquêtés vivent depuis longtemps dans la zone et ne disposent que de ces activités comme source de revenu.

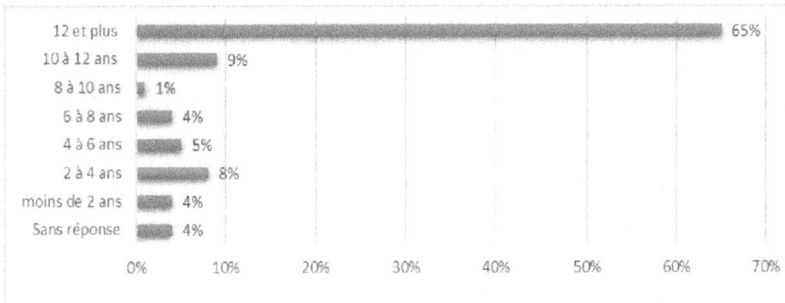

Figure 5 : Ancienneté des enquêtés dans l'activité menée

La pauvreté, l'absence d'autres sources de revenu et le manque de qualification professionnelle font que les populations puissent rester longtemps à exercer ces activités. Il faut aussi noter que les quelques projets de développement qui existent dans les milieux ruraux ne sont que des projets pilotes ne permettant pas aux populations de changer leur statut.

III.1.4 Âges des enquêtés en fonction de leurs activités

Il ressort de la figure 6 que les enquêtés les plus représentatifs pour l'agriculture ont une tranche d'âge allant de 36 ans à plus, soit 69,1%. Cependant, les plus représentatifs pour l'orpaillage ont une tranche d'âge allant de 30 à 36 ans. Ces résultats montrent que les jeunes sont les plus actifs dans les deux activités au sein de la RDB, pour la simple raison qu'ils disposent de l'énergie suffisante, cherchent à subvenir à leurs besoins, à ceux de leur foyer et même de certains membres de leur famille.

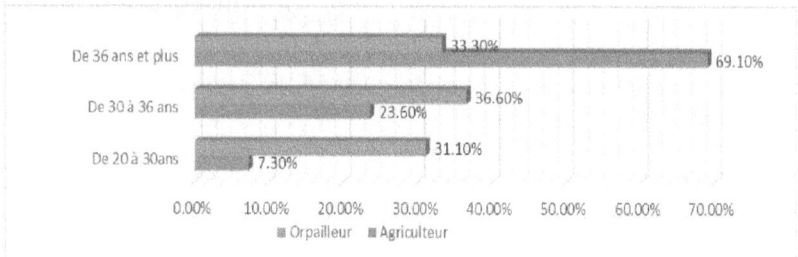

Figure 6 : Âge des enquêtés en fonction de leurs activités

III.1.5 Niveau d'instruction des enquêtés

La figure 7 montre que les enquêtés des deux activités étudiées ont pour la plupart un niveau d'instruction primaire (51,1% pour l'orpaillage et 47,3% pour l'agriculture). Cependant, en dehors de ce niveau primaire, on note un pourcentage significatif des analphabètes pour l'orpaillage, soit 22,2%. De même que pour le niveau d'instruction secondaire 1er degré pour l'agriculture, soit 25,5%. Cette situation est commune car, en milieu rural, l'action est plus mise sur la survie que sur la scolarité des enfants.

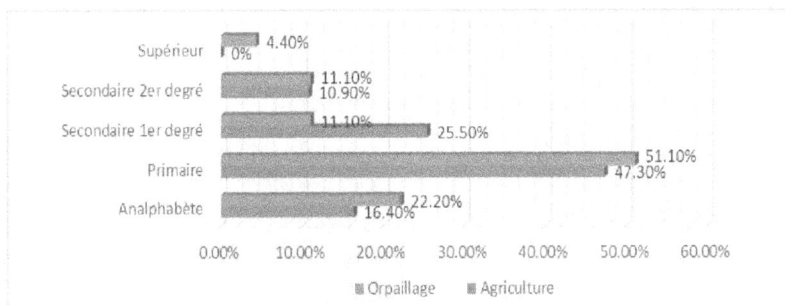

Figure 7 : Niveau d'instruction des enquêtés

III.1.6 Pratiques utilisées par les agriculteurs et les orpailleurs

Parmi les pratiques utilisées par l'activité agricole et l'orpaillage, il y a le désherbage[21], l'abattage[22] d'arbres et le dessouchage[23] (Web 8). La seule différence pour l'activité agricole est qu'elle utilise en plus de ces pratiques citées ci-dessus, le labour et les feux. Cependant, l'activité d'orpaillage exerce en plus le piochage[24] et le tamisage[25] (figure 8).

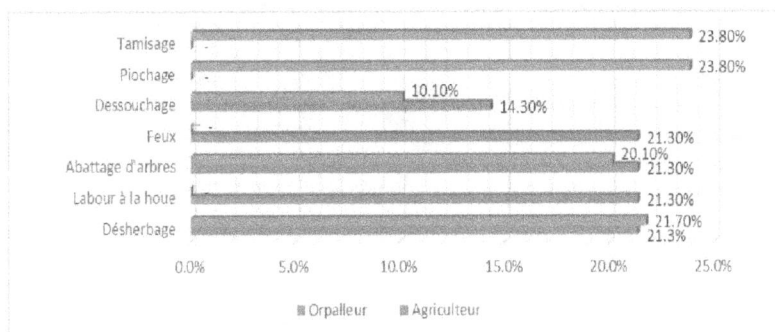

Figure 8 : Pratiques utilisées par les agriculteurs et les orpailleurs

L'utilité de ces pratiques se justifie par le simple fait qu'en milieu forestier, les agriculteurs et les orpailleurs doivent préparer leur terrain pour la réalisation de

---

[21] Action de désherber afin d'éliminer les mauvaises herbes d'un terrain.
[22] Action d'abattre, de faire tomber un arbre ou de tuer un animal.
[23] Action de dessoucher, d'enlever les souches qui sont restées dans un terrain après l'abattage d'arbres.
[24] Action de piocher, remuer le sol à l'aide d'une pioche.
[25] Passer une substance au tamis pour en séparer certains éléments.

leurs activités et cela s'accompagne de l'abattage d'arbres, du désherbage, dessouchage, piochage et autres. Ces résultats obtenus pour certaines pratiques agricoles sont identiques à celles d'une étude réalisée au Burkina Faso par GOMGNIMBOU et collaborateurs (2010), montrant que la préparation des sols pour la culture du coton se fait par l'abattage des arbres et arbustes, la mise à feux de la végétation et l'usage d'herbicides totaux pour le désherbage et un labour[26]. Le piochage et le tamisage pour l'orpaillage sont des pratiques qui se font généralement lors de la phase de production et de manière éluvionnaire[27] ou alluvionnaire[28].

Photo 1 : Piochage   **Photo 2** : Arbre abattu

III.1.7 Opinions des enquêtés sur l'existence des pratiques destructrices de l'environnement

La figure 9 montre que 95% des enquêtés estiment qu'il existe des impacts négatifs liés à la réalisation des activités d'agriculture et d'orpaillage.

---

[26] Retournement de la terre à l'aide de la bêche, de la houe, de l'araire ou de la charrue pour préparer le terrain à la semence
[27] Elle est dite éluvionnaire lorsque la collecte de l'or se fait sur terre ferme (montagne ou vallée) en utilisant des conduits d'eau (tuyaux) qui apportent l'eau de la rivière jusqu'au site de production.
[28] Elle est dite alluvionnaire lorsqu'elle se fait dans un cours d'eau tout en suivant les étapes suivantes : la préparation du site, la déviation du chenal du cours d'eau, l'opération d'exhaure, le creusement du puits, le traitement du minerai et la récupération du concentré (Solo, 2011).

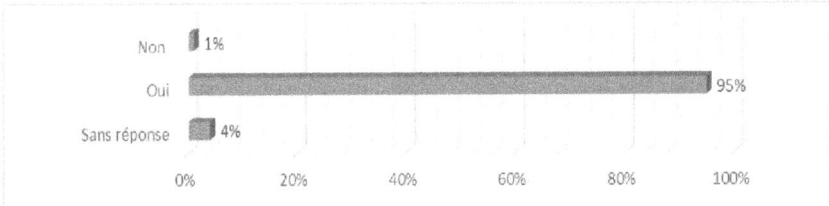

Figure 9 : Opinions des enquêtés sur l'existence des pratiques destructrices de l'environnement

Les enquêtés approuvent cela à cause des terres dégradées observées le long de la national 1 et au sein des zones attribuées à la Réserve. La destruction en cours de la zone centrale de la Réserve peut être parmi l'une des raisons de leur acceptation.

III.1.8 Pratiques à impacts

D'après les résultats présentés dans la figure 10, la majorité des agriculteurs estiment que l'abattage d'arbres (29,1%) est la pratique qui contribue le plus à la perte de la diversité végétale et pour les orpailleurs c'est le piochage avec 26,2%. La part du désherbage (20,9%), les feux (19,9%), le labour et le défrichage (15,1%) ne sont pas à négliger pour l'agriculture. De même que l'orpaillage, l'abattage d'arbres (25,5%), le désherbage (18,8%), le tamisage (13%) et le défrichage (12,1%) ne sont pas aussi négligeables (voir photos des impacts annexe 4).

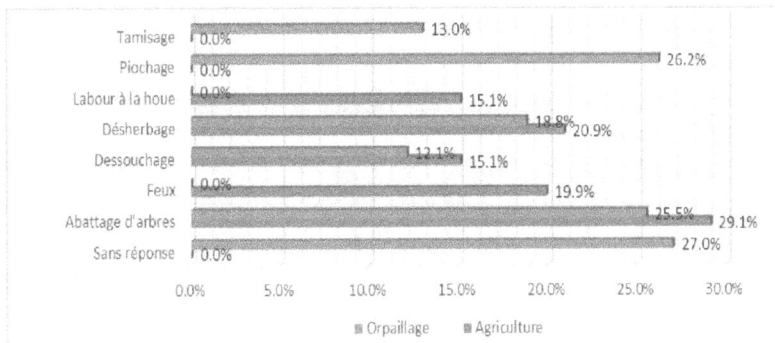

Figure 10 : Pratiques à impacts

L'abattage des arbres est l'une des méthodes la plus connue de dégradation de la forêt tropicale. Il cause beaucoup de dommages à l'écosystème de la forêt tropicale (web 9a). Une étude conduite par des scientifiques de la Carnegie Institution de l'Université de Stanford (2005) montre que "l'abattage sélectif" dégrade la forêt, peut entraîner la chute d'arbres, contribue à la réduction de la biodiversité en détruisant les habitats des espèces dans la forêt tropicale (Web 9b) et émet plus de 25% plus de gaz à effet de serre (GES).

Une étude menée par MELHAOUI (2006) au Maroc dans le massif RIFain montre que les incendies qui touchent ce massif sont liés aux activités humaines avec une perte en moyenne de 300 hectares/an de forêt depuis 1980 et 1 700 hectares de forêts en 1994. Ces facteurs directs de déforestation provoquent une perte de biodiversité, une réduction des espaces forestiers d'intérêt écologique et forestier et un impact important sur le milieu par l'érosion des sols. Au Mali, l'étude menée par l'UICN (2008) montre que les aires protégées de Dans le Bafing, le Nienendougou, le Baoulé, le Sousan et le Banifing-Baoulé sont soumis à des feux de brousse, souvent déclenchés par les transhumants et les braconniers. De même, le rapport d'évaluation publié par l'UICN (2008) en Côte d'Ivoire montre que l'aire protégée de la Comoé subit actuellement une pression assez ponctuelle mais forte du fait de feux de brousse tardifs incontrôlés. Ces feux sont causés par les populations riveraines, les braconniers et les transhumants.

Les conséquences du feu, qu'il soit naturel ou provoqué par l'homme, commencent à être connues en termes d'effets sur les propriétés du sol ou les cycles biogéochimiques : augmentation temporaire de la disponibilité en éléments minéraux des sols, pertes d'azote par entraînement dans les eaux de drainage ou par volatilisation dans l'atmosphère (TACON et al., 2000).

Au Bénin où l'exploitation alluviale suit les sédiments fluviaux, de grandes fosses sont creusées et le matériel utilisé reste des pics à deux pointes, des burins et des marteaux de forgeron (GRÄTZ, 2004). Selon KEITA (2001), les pratiques de l'orpaillage traditionnel présentent des risques et des dangers pour l'environnement physique se traduisant en général par des déboisements, la destruction du couvert végétal et des sols, la pollution des ressources en eau résultant souvent de l'usage de produits chimiques dans les traitements de l'or. De même, les arbres et la végétation sont également détruits (ONUDI et

DNACPN, 2009). Les zones d'orpaillage se caractérisent par une disparition totale de la végétation, sur une largeur de quelques décamètres à quelques hectomètres, couvrant souvent une grande partie du flat des petits cours d'eau (POUDORI et al., 2001). En définitive, l'orpaillage entraîne la destruction des paysages et des forêts. Les orpailleurs transforment les sites aurifères en paysages lunaires avec des successions de trous et de tas de terre dans un désordre total.

III.1.9 Activité la plus dégradante de l'écosystème

Il ressort de cette enquête que 79,6% des enquêtés pensent que l'agriculture est l'activité qui dégrade le plus l'écosystème de la RBD (figure 11). Cela peut s'expliquer par le fait que cette activité, en termes de superficie, occupe des espaces relativement grands et contribue de plus à l'érosion de la flore par le défrichement.

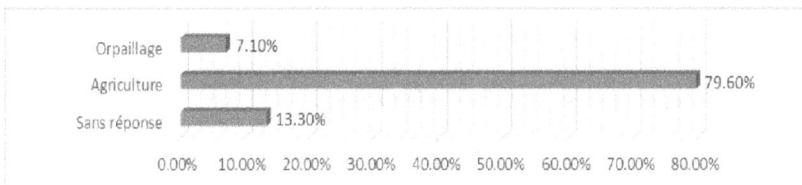

Figure 11 : Activité la plus dégradante

Les résultats se justifient par des études menées par l'UICN-PAPACO (2012) dans certaines des aires protégées du Bassin du Congo. D'après cette institution, l'agriculture extensive représente une menace autour de l'aire protégée de Minkebe (Gabon) et de Dja (Cameroun). Selon l'UICN (2008), au moins 4 000 à 5 000 personnes qui se sont installées dans le parc de Marahoué en Côte d'Ivoire pratiquent l'agriculture, soit une occupation de 60 % de la superficie par l'activité agricole. La même situation est observable au Mali, dans les Réserves du Sud (Bafing, Baoulé, Nienendougou, Sousan, Banifing- Baoulé), où la culture de coton (agriculture sur brûlis) exerce une forte pression foncière (UICN, 2008).

En effet, beaucoup d'auteurs semblent aussi s'accorder sur le fait que le système agraire en Afrique est majoritairement traditionnel à cause de l'usage des outils rudimentaires qui ont un effet négatif sur la durabilité des écosystèmes et sur la structure du sol. Cela se justifie par les travaux réalisés par BAMBA et collaborateurs (2008) dans la province du Bas-Congo en RDC. Selon ces auteurs, «...les pratiques agricoles non durables modifient l'occupation du sol. Les écosystèmes forestiers sont substitués par des écosystèmes anthropisés menaçant alors la biodiversité ». Selon TSHIBANGU (2001), l'agriculture sur brûlis serait responsable pour 70% de la déforestation en Afrique. Enfin, une étude publiée en ligne par le Centre d'échange d'information (Web 10) de la RDC montre que l'agriculture traditionnelle est préjudiciable au maintien des forêts, surtout en zones de forte densité où le raccourcissement de la période de jachère ne permet plus à la forêt de se reconstituer. Elle est responsable d'environ 180.000 hectares de perte en superficie forestière annuellement. Actuellement, le défrichage des forêts au profit de l'agriculture itinérante et la fabrication des combustibles ligneux pour répondre aux besoins de la population paupérisée en expansion rapide constituent la principale cause de la destruction des forêts (SHUKU, 2004).

III.1.10 Nature des espèces végétales abattues

Plusieurs variétés d'arbres sont coupées lors de la réalisation des activités agricole et d'orpaillage (tableau 3). Parmi les plus représentées, on peut citer le Parasolier (*Musanga cecropioides*), le Mikala (*Eribroma oblongum*) le Moabi (*Baillonella toxisperma*), le Missassa (*Harungana madagasacariensis*) et le Douka (*Tieghemella africana*). Ces espèces d'arbres sont actuellement loin des villages et se rencontrent, pour la plupart, dans la forêt primaire.

Tableau 3 : Nature des espèces coupées

Nom scientifique	Nom local	Famille de l'espèce	Nom commercial	Effectif Ag.	Effectif Orp.
Musanga cecropioides	Parasolier	Urticacées	Parasolier	27.7 %	21.1 %
Ptérocarpus soyauxii	Padouk	Papilionacées	Padouk	3.6%	3.5%
Aucoumea klaineana	Okoumé	Bourseracées	Okoumé	2.1%	0%
Gilbertiodendron limba	Limba	Combretacées	Limba	2.1%	3.5%
Baillonella toxisperma	Moabi	Sapotacées	Moabi	6.4%	5.3%
Tieghemella africana	Douka	Sapotacées	Douka	6.4%	3.5%
Chlorophora excelsa	Kabala	Moracées	Iroko	2.1%	1.8%
Nauclea diderrichii	Bilinga	Rubiacéees	Bilinga	3.6%	0%

Gambeya africana	Longhi blanc	Sapotacées	Longhi blanc	2.1%	1.8%
Pycnanthus angolensis	Miloma	Myfisticacées	Ilomba	2.8%	0
Harungana madagasacariensis	Missasa	Hypericaceae	Harungana	10.6 %	1.8%
Eribroma oblongum	Mikala	Sterculiacées	Eyong	9.9%	1.8%
Ricinodendron heudelotii	Musagala	Ephorbioacées	Essessang	3.6%	3.5%
Antranella congolensis	Muduma	Sapotacées	Mukulungou	1.4%	0
Lophira elata	Tsédé-tsédé	Ochnacées	Azobé	4.3%	0

Légende : Ag. : Agriculture ; Orp. : Orpaillage

En se référant à la liste rouge de l'UICN, les espèces *Harungana madagasacariensis* et *Eribroma oblongum,* les plus extraites par l'activité agricole, ne font pas partie des espèces ménacées. Cependant, les espèces comme *Aucomea klaineana, Gilberhodendron limba, Bailonella toxisperma* et *Teignemella africana* font l'objet d'une attention particulière par l'UICN. Leur statut sur la liste rouge est respectivement : vulnérable, proche de la menace, vulnérable et en danger.

III.1.11 Opinions des enquêtés sur la présence des parcelles détruites

En tenant compte de la figure 12, il ressort que les activités agricole et d'orpaillage contribuent à la destruction de la végétation au sein de la RBD avec respectivement 96,20% et 77,80% des opinions des enquêtés.

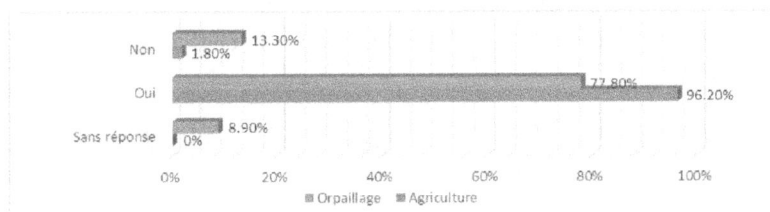

Figure 12 : Opinions des enquêtés sur l'existence des surfaces détruites

III.1.12 Superficie des parcelles détruites

Les résultats de la figure 13 montrent que les parcelles les plus détruites ont des superficies qui avoisinent 0-1ha soit 91,1% pour l'orpaillage et 0-1 soit 50,90% pour l'agriculture puis 2-3 ha soit 45,5% pour l'agriculture.

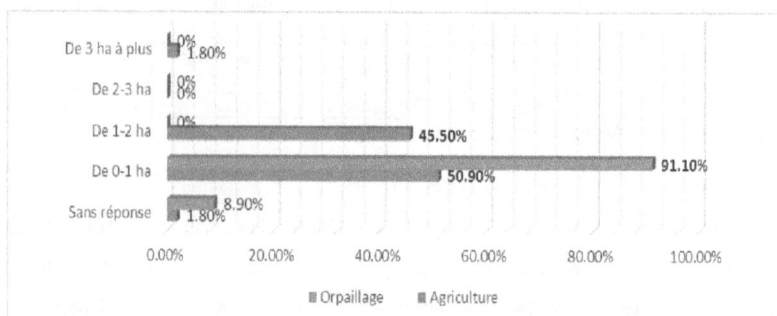

Figure 13 : Superficie des parcelles détruites

De ces observations, il ressort que l'activité agricole en Afrique en général et dans la RBD reste traditionnelle. Elle utilise des superficies plus importantes que l'activité d'orpaillage. Cela se justifie par une agriculture extensive qui nécessite plus d'espace que d'intrants et contribue à l'érosion de la diversité végétale. Selon HOPSKINS (1973, cité dans COUTY, 1991), l'agriculture africaine est basée sur des modes de culture allant de la culture itinérante sur brulis à l'agriculture irriguée c'est-à-dire d'une utilisation extensive à une utilisation intensive. RAULIN (1984) estime quant à lui que l'agriculture africaine est une agriculture dite traditionnelle en raison des pratiques comme le sarclage, le désherbage et le labour.

III.1.13 Pression de la route nationale 1 sur la Réserve de Biosphère de Dimonika

En tenant compte des points de vue des enquêtés (figure 14), il ressort que 62% estiment que la route nationale 1 contribue à l'augmentation de la pression dans de la RBD. Cela se justifie par la facilité d'accès des populations riveraines et celles des localités environnantes.

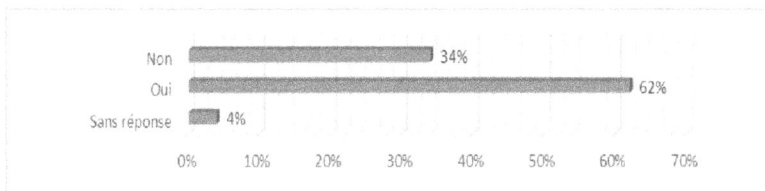

Figure 14 : Influence de la RN1 sur la réalisation des activités dans la RBD

L'importance de la route pour les populations n'est plus à démontrer car celle-ci est un élément important de développement économique d'un pays, d'une région ou d'une localité. Cependant, cette dernière présente aussi un danger pour les écosystèmes. JAEGER (2012) montre que le réseau routier isole des parcelles de forêt et Ouimet (2008) estime que les causes générales de morcellement à l'intérieur des parcs sont reliées aux infrastructures linéaires. La construction d'une route au cœur d'un massif forestier ou dans une aire protégée a pour conséquences la perte d'habitat associée, la diminution de la taille des parcelles, l'augmentation de l'effet de bordure (SCHMIEGELOW et MÖNKKÖNEN, 2002 ; FAHRIG, 2003 ; LAVERTY et GIBBS, 2007 ; et HAILA, 2002, cité dans OUIMET, 2008 ; DI GIULIO, 2007). L'ouverture de nouvelles voies d'accès en forêt entraîne une fragmentation des grands blocs forestiers, qui à son tour, accentue la dégradation en facilitant le développement d'activités d'exploitation forestière, le braconnage, les incendies, l'agriculture, etc. (THIES et *al.*, 2012). Selon LAURANCE et collaborateurs (2011), « *La fragmentation de l'habitat n'affecte pas seulement la biodiversité et les interactions entre les espèces : elle altère également de nombreuses fonctions des écosystèmes, notamment les processus hydrologiques et biochimiques. La biomasse forestière et les stocks de carbone sont ainsi soumis à des changements considérables* ».

III.1.14 Raisons de l'influence de la route nationale 1 sur la RBD

Parmi les raisons évoquées, la raison économique est la plus citée soit 73% des réponses (figure 15). En effet, la route permet aux populations de produire plus, de vendre les produits de leur récolte et de faire des bénéfices. C'est un facteur de développement incontournable pour les populations rurales.

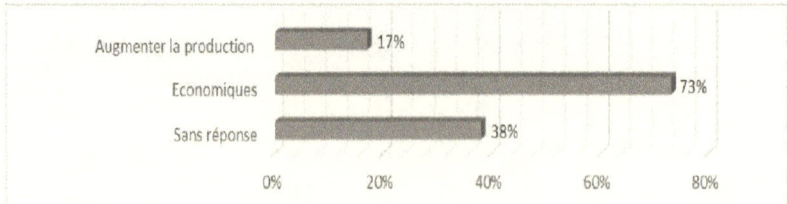

Figure 15 : Raisons de l'influence de la RN 1 sur la RBD

III.1.15 Méthodes de conservation de l'écosystème proposées par les enquêtés

Les résultats de la figure 16 montrent que pour la conservation de la RBD, les agriculteurs proposent plus la plantation des arbres fruitiers (39%) et la jachère (20,8%) qui sont des pratiques qu'ils utilisent. Cependant, les orpailleurs proposent de mettre l'action sur les écogardes (23,2%), la sensibilisation et la formation aux bonnes pratiques (16,10%) et enfin, l'application de la réglementation (10,70%). Ils estiment que la présence des écogardes dans la Réserve contribuerait au maintien de l'équilibre de l'écosystème. Ces résultats nous poussent à dire que seuls les orpailleurs semblent être conscients des dégradations causées par leurs activités contrairement aux agriculteurs qui ne font pas mention de la réglementation, de la sensibilisation et de la formation aux bonnes pratiques environnementales.

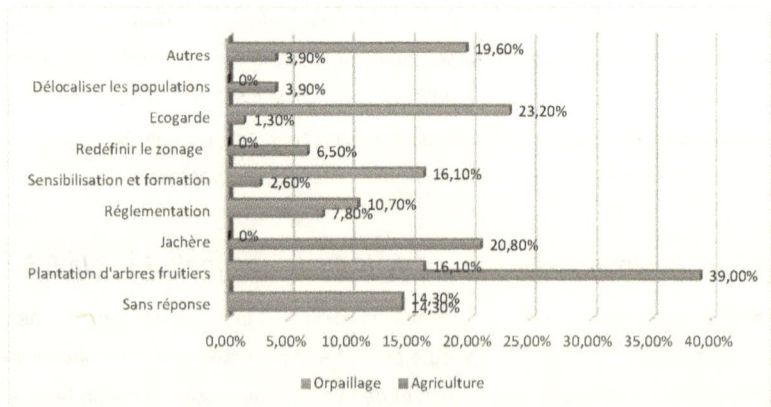

Figure 16 : Méthodes de conservation de l'écosystème proposées par les enquêtés

- 43 -

III.1.16 Impacts observés

III.1.16.1 Évaluation de l'importance des impacts en fonction des pratiques utilisées

Le tableau 4 montre que l'abattage d'arbres et le piochage sont des activités qui ont un impact significatif (voir photos des impacts annexe 4) sur la végétation de la RBD.

Tableau 4 : Evaluation de l'importance des impacts en fonction des pratiques utilisées

Pratiques	Intensité de l'impact	Etendue de l'impact	Durée de l'impact	Importance
Agriculture et orpaillage				
Abattage d'arbres	Forte	Régionale	Longue	Majeure
Désherbage	Forte	Locale	courte	Moyenne
Labour	Forte	Locale	courte	Moyenne
Dessouchage	Moyenne	Ponctuel	Moyenne	Moyenne
Feux	Forte	Régionale	courte	Moyenne
Orpaillage uniquement				
Piochage	Forte	Local	Longue	Majeure
Tamisage	Forte	Local	courte	Moyenne

NB : Ces deux pratiques en gras ne concernent pas l'orpaillage

Cette situation se justifie par le fait que ces deux pratiques sont fondamentales dans la réalisation de ces activités. Elles se font par l'intermédiaire des outils (hache, barre à mine, pelle, scie) qui contribuent à la destruction du sol et de son couvert. En plus, ces dernières se pratiquent en permanence par les acteurs de ces activités. Leur durée et leur étendue sont considérables, ce qui explique une telle importance.

III.1.16.2 Grille interrelationnelle entre les pratiques sources d'impacts et les composantes du milieu

Sachant que chaque source d'impact est susceptible d'interagir au moins avec une composante du milieu, nous avons établi des liens entre les sources d'impacts et les composantes du milieu afin d'obtenir la grille d'interrelation représentée ci-dessous par le tableau 5.

Ce tableau montre que le milieu biologique est plus affecté par rapport au milieu physique par les effets négatifs des pratiques agricoles et d'orpaillage. Cela se justifie par le fait que l'agriculture, qui affecte en même temps le milieu physique que biologique, ne peut se pratiquer qu'après l'enlèvement du couvert végétal. En plus, elle s'étend sur des surfaces considérables (1 à 3 ha, figure 11). Par contre, l'orpaillage qui s'exerce plus en profondeur n'occupe pas des surfaces trop importantes (o à 1 ha, figure 11) et ne contribue pas à une forte érosion de la biodiversité végétale. Le milieu physique, habitat de la faune et de la flore fournit à toutes les espèces l'essentiel de leurs besoins tant en nutriments qu'en eau. C'est pourquoi, son exploitation ne peut qu'entrainer une dégradation du milieu biologique qui en dépend et la perte de la biodiversité végétale et animale.

Photo 3 : Tamisage, amas de terre et turbidité de l'eau

Photo 2 : Terrain préparé pour la culture

Tableau 5 : Grille interrelationnelle entre les sources d'impacts et les composantes du milieu

Milieu		Source d'impact	Description de l'impact	Impact	
				Note	Importance
Physique	Sol	Abattage d'arbres	Appauvrit le sol en matières organiques	+++	Majeure
	Sol, eau	Désherbage	Erosion du sol, Diminution de l'infiltration de l'eau	++	Moyenne
	Sol	Labourage	Erosion du sol	++	Moyenne
	Air	Feux	La pollution de l'air	-	Mineure
	Sol	Dessouchage	Perturbation du sol	-	Mineure
	Sol	Piochage	Modification des propriétés physiques et chimiques des sols, fragilisation des sols et destruction progressive des terres arabes.	+++	Majeure
	Eau	Tamisage	Augmente la turbidité de l'eau et séchage des marres d'eau	++	Moyenne
Biologique	Flore et faune	Abattage d'arbres	Perturbation de l'écosystème ; disparition des essences végétales et destruction des habitats des animaux	+++	Majeure
	Flore	Désherbage	Destruction de la flore	+++	Majeure
	Faune	Labour	Destruction et perturbation de la faune du sol	+++	Majeure
	Flore et Faune	Feux	Destruction et déplacement de la microfaune, destruction de la flore et la faune, réduction et morcèlement de l'espace vital, dégradation et modification de l'environnement	+++	Majeure
	Flore	Dessouchage	Perte de la variabilité génétique	+++	Majeure
	Flore et faune	Piochage	Destruction de la flore, augmentation de risques de perte d'animaux	+++	Majeure

III. 2 Résultats des Entretiens

L'entretien que nous avons fait a concerné le Chef de district de Mvouti, les agents de la Réserve dont le conservateur et ses collaborateurs.

Le chef du district de Mvouti estime que les impacts liés aux activités anthropiques s'observent plus le long de la nationale 1 où les paysans s'attèlent à exploiter ces espaces en pratiquant l'agriculture. Mais il n'exclut pas la destruction à petite échelle de la forêt primaire par les agriculteurs. Il affirme que dans la Réserve, les activités comme le sciage artisanal et l'orpaillage, même si elles sont pratiquées, ne contribuent que faiblement à la destruction de la forêt.

Dans un deuxième temps, nous avons interviewé quatre (04) agents dont le conservateur de la Réserve, son adjoint, un agent des eaux et forêts et un écogarde volontaire. Le conservateur et ses agents ont estimé que les activités menées dans la Réserve sont les mêmes que celles décrites par les enquêtés (voir figure 3). Aussi, ils estiment, pour la plupart que l'orpaillage est l'activité ayant le plus d'impacts au sein de la Réserve avec pour cause les trous occasionnés par cette activité, le retournement de la terre qui cause les monts de graviers, le bouleversement de l'écosystème avec la perte de la biodiversité et la turbidité de l'eau dans les rivières. Un seul agent reconnait le danger que représente la pratique de l'agriculture au sein de la Réserve. Cependant, ils reconnaissent tous la destruction de certaines espèces, même s'ils ne peuvent donner les noms des espèces concernées. A la question de savoir comment prévoient-ils conserver la Réserve, il ressort que les limites de cette dernière doivent être redéfinies, placer des écogardes, interdire les activités anthropiques au sein même de la Réserve dont l'agriculture et l'orpaillage en particulier.

A la lumière des informations collectées et des observations faites sur le terrain, il apparait que les autorités tendent à minimiser la réalité de la situation dans la Réserve, ce qui laisse un champ libre aux paysans d'exercer leurs activités sans se soucier des conséquences à venir.

Au regard des résultats obtenus, nous pouvons dire que notre hypothèse a été vérifiée. Il ressort que la pression au sein de la RBD est évidente. Pour cela, des mesures doivent être prises afin d'atténuer les risques de la dégradation de cette Réserve.

Recommandations

La prise de conscience de la dynamique de déforestation en cours dans la RBD et des dangers dus à la croissance démographique aux alentours et dans la Réserve, nous poussent à formuler quelques recommandations en matière de pratiques à promouvoir pour la conservation de l'équilibre de l'écosystème et la réglementation à observer pour l'exercice des activités agricoles et d'orpaillage.

Parmi les points forts sur lesquels les politiques et les gestionnaires de cette Réserve devraient insister pour améliorer la protection de la biodiversité, nous suggérons de nouvelles limites de la Réserve afin d'isoler les zones actuellement habitées et en proie aux activités anthropiques intenses ; l'établissement d'une réglementation et d'un plan d'aménagement pour mieux organiser et encadrer l'occupation du sol et appliquer les sanctions à tout détracteur ; enfin, interdire toutes activités dans la zone centrale de la Réserve. Cela étant, il serait important de mettre l'action sur les bonnes pratiques respectueuses de l'environnement.

En ce qui concerne l'agriculture, il faudrait promouvoir par sensibilisation et formation, une agriculture de conservation étant donné qu'elle fait ses preuves dans le monde. Les pratiques de ce type d'agriculture basées sur un labour superficiel ou peu profond, une couverture du sol et la diversification et l'allongement des rotations culturales permettraient d'atténuer les dégradations en cours actuellement. Le labour superficiel favorise une meilleure activité biologique et protège le sol contre l'érosion. La couverture du sol par les résidus de cultures ou les feuilles mortes de certains arbres protègent la surface, permettent de maintenir l'humidité des sols et améliorent la structure du sol et la production de la biomasse.

Pour l'orpaillage, l'organisation des acteurs intervenant dans cette activité sera nécessaire afin d'améliorer leurs pratiques et réduire les impacts environnementaux. Ils doivent explorer les sites sans abattre davantage les arbres ni appauvrir le sol. Pour ce faire, ils devraient faire une prospection minutieuse afin de réduire leurs dégradations, exploiter les sites se trouvant hors de la zone centrale et s'appuyer sur une législation relative à leur activité. Il s'agit également de définir le rôle et la place de l'exploitation de l'or dans la politique de développement local, tout en prenant en compte les coûts environnementaux, sanitaires et sociaux de l'activité.

Conclusion générale

Cette étude qui décrit les impacts de quelques pratiques des activités agricole et d'orpaillage vient illustrer l'intérêt de considérer les impacts des activités anthropiques au sein d'une aire protégée. Elle interpelle les pouvoirs publics ainsi que les gestionnaires de ces sites à mettre un accent sur la protection de la biodiversité vu son importance pour le maintien de la vie et du bien-être ainsi que sur les enjeux actuels face au changement climatique.

Dans l'ensemble de l'étude, 100 personnes ont été enquêtées dont 55 agriculteurs et 45 orpailleurs et la plupart d'entre eux ont une ancienneté de douze (12) ans et plus dans l'activité réalisée. Un pourcentage important des enquêtés 79,6% estiment que l'agriculture est l'activité la plus dégradante alors que 7,10% seulement le pensent pour l'orpaillage. L'activité agricole contribue plus à l'abattage des arbres 29,1% tandis que l'orpaillage au piochage 26,2%. Cependant, les pratiques comme le désherbage, les feux (agriculture), le labour (agriculture), le dessouchage et le tamisage (orpaillage) ne sont pas aussi à négliger pour les deux activités. Les surfaces défrichées par ces activités vont de 1 à 3 ha pour l'agriculture et 0 à 1 ha pour l'orpaillage. La réalisation de ces deux activités participe à la coupe de certaines espèces d'arbres dont le Parasolier (*Musanga cecropioides*), le Mikala (*Eribroma oblongum*) le Moabi (*Baillonella toxisperma*), le Missassa (*Harungana madagasacariensis*) et le Douka (*Tieghemella africana*).

La route nationale 1 augmente la pression au sein de cette Réserve, avec 62% des réponses, à cause de son influence sur la productivité et des revenus engendrés par les activités réalisées. Les méthodes de protection de l'écosystème pour les agriculteurs vont de la plantation d'arbres fruitiers 39% à la jachère 20,8% alors que les orpailleurs privilégient la surveillance des écogardes 23,2%, la sensibilisation et la formation aux bonnes pratiques 16,10% et enfin l'application de la réglementation 10,70%.

L'évaluation des impacts effectuée nous conduit à souligner les dégradations importantes sur les milieux biologiques et physiques. En ce qui concerne le milieu biologique, les pratiques des deux activités contribuent à la perturbation de l'écosystème, à la destruction des habitats de la flore et la faune, à la réduction et au morcellement de l'espace vital, la dégradation et la modification de l'environnement. Quant au milieu physique, les pratiques ont plutôt un effet sur le sol par son appauvrissement en matières organiques, la modification de ses propriétés physiques et chimiques, sa fragilisation, la destruction progressive des terres arabes et la perte de la couverture végétale.

Enfin, ce travail présente des limites liées au manque d'images satellitaires qui permettraient de suivre au mieux, dans le temps et l'espace, l'évolution de l'occupation du sol et par l'absence de financement pour sa réalisation. Elle devrait être poursuivie afin de quantifier la biomasse détruite, l'impact de la déforestation et de la dégradation sur le changement local du climat et la perte de la diversité génétique des populations d'espèces végétales, etc...

REFERENCES BIBLIOGRAPHIQUES :

Allandiguibaye V. (2009). Etude d'impact environnemental des techniques de protection contre les inondations : cas de la vallée de l'Artibonite en Haïti. Mémoire Master : Gestion de l'Environnement : Université Senghor Alexandrie/Egypte. 57p.

Agence de Développement et d'Urbanisation (2004). Système de Management Environnemental. Manuel environnemental 1-7p. www.adu-montbeliard.fr

Auriel P. et Ceji-ihei. (2013). La lutte contre l'orpaillage illégal aux frontières de la Guyane. Mémoire online, 39p.

Bamba I., Mama A., Neuba D., Koffl Kouao J., Traoré D., Visser M., Sinsin B., Lejoly J., et Bogaert J. (2009). Influence des actions anthropiques sur la dynamique spatio-temporelle de l'occupation du sol dans la province du Bas-Congo (RDC). In : Sciences et Nature vol. 5 N°1 : 49-60 p.

Batalou B., Diamouangana J., Bizenga J. F., Kimpolo L. et Ibala A. (2010). Rapport final provisoire sur le projet d'appui au développement d'un modèle participatif pour l'exploitation durable des ressources naturelles par les populations des zones forestières périphériques dans les forêts humides du Bassin du Congo. Brazzaville, 224p.

Bayol N., et Eba'a A. (2009). Les forêts de la République du Congo en (2008). In : de Wasseige C., Devers D., de Marcken P., Nasi R. et Mayaux Ph. Les forêts du Bassin du Congo-Etat des forêts 2008. Luxembourg : Office des publications de l'Union européenne. 101-113p.

Benoit M. et Papy F. (1998). La place de l'agronomie dans la problématique environnementale. In : les dossiers de l'environnement (17). 53-72p.

Bernus E., Marchal J. Y et Poncet Y. (1993). Le Sahel oublié. In: Tiers-Monde, 34 (134). Agriculture, écologie et développement (dir. Dufumier M.), 305-326p.

Brachet R. M., Legeay A., Durrieu G, Laffont L. et Maurice L. (2010). L'orpaillage en Guyane. In : le Centre Jacques Cartier. Vulnérabilité et résilience des écosystèmes : utopie d'une gestion durable. 83-89p.

Cazes B. (1993). PNUD. Rapport mondial sur le développement humain. 1992. In : Politique étrangère, 58 (1), 191-193p.

Convention de la Diversité Biologique (1992). Articles de la convention. Rome : FAO, 32p.

Convention de la Diversité Biologique (2012). Protocole de Nagoya sur l'accès aux ressources génétiques et le partage juste et équitable des avantages découlant de leur utilisation relative à la convention sur la diversité biologique. Montréal : CDB, 16p.

Cochet H. (1993). Agriculture sur brûlis, élevage extensif et dégradation de l'environnement en Amérique latine. In: Tiers-Monde 34 (134). Agriculture, écologie et développement (sous la direction de Marc Dufumier). 281-303p.

Comité de Pilotage SDD. (2004). Note de travail sur l'opportunité, les conditions et les conséquences d'une inscription de l'Espace Mont Blanc dans des dispositifs de protection internationaux. Réunion du 30.09.2004, 57p.

Couty P. (1991). L'agriculture africaine en Réserve. Réflexions sur l'innovation et l'intensification agricoles en Afrique tropicale. In : Cahier d'études Africaines, 31 (121-122), 65-81p

Di Giulio M., Tobias S. et Holderegger R. (2007). Fragmentation du paysage dans les espaces périurbains. Que savons-nous de ses effets sur la nature et sur l'homme? In : Notice pour le praticien 42, 1-8p.

Diamouangana J. (1995). La réserve de Biosphère de Dimonika. Document de travail (4). Paris (France) : UNESCO (Programme de Coopération Sud-Sud). 32p.

Dupuy B., Maitre H. F. et Amsallem I. (1999). Techniques de gestion des écosystèmes forestiers tropicaux: état de l'art. Romme : FAO, département des forêts, 146p.

Enquête Congolaise auprès des Ménages (2006). Enquête Congolaise des Ménages menée en 2005, Centre National de la Statistique et des Etudes Economiques (CNSEE), Ministère du Plan, 86p.

Organisation des Nations Unies pour l'Alimentation et l'Agriculture (2006). Evaluation des ressources forestières mondiales 2005 : Progrès vers la gestion forestière durable. Rome : FAO, département des forêts, Volume 147, 352p.

Organisation des Nations Unies pour l'Alimentation et l'Agriculture (2010). Prise en compte de la biodiversité dans les concessions forestières d'Afrique centrale. Document de travail sur la biodiversité forestière, n°1. Dir. Billiand A. Rome : FAO, 114p.

Organisation des Nations Unies pour l'Alimentation et l'Agriculture (2010). Evaluation des ressources forestières mondiale 2010. Rome : FAO rapport national Congo, 72p

Organisation des Nations Unies pour l'Alimentation et l'Agriculture (2011). Situation des forêts dans le monde. Rome, 193p.

Foley, J., Defries R., et al. (2005). Global Consequences of Land Use. In : science 309(5734), 570-574p.

Foresty Outlook Study for Africa (2007). Présentation du secteur forestier congolais. En ligne Consulté le 21.10.2014. URL : http://www.fao.org/docrep/003/x6778f/X6778F05.htm

Gomgnimbou A.P.K., Savadogo P.W., Nianogo A. J. et Millogo-Rasolodimby J. (2010). Pratiques agricoles et perceptions paysannes des impacts environnementaux de la culture du coton dans la province de la KOMPIENGA (Burkina Faso). Sciences & Nature, 7 (2) ,165 – 175p.

Grätz T. (2004). Les frontières de l'orpaillage en Afrique occidentale. In : Autrepart, 2 (30), 135-150p.

Groupe de Travail Pluridisciplinaire du Foresty Outlook Study for Africa (2007). Etude prospective du secteur forestier en Afrique : cas de la République du Congo. Brazzaville. Brazzaville : Rapport FAO, Banque Africaine de développement et l'Union Européenne, 28p.

Hecketsweiler P. (1990). La conservation des écosystèmes forestiers du Congo. UICN Tropical Forest Programme.187p.Initiative pour la Transparence des Industries Extractive (2012). Rapport de l'administrateur indépendant. PARIS: Fair Links. 74p.

Jochen A.G. Jaeger (2012). L'impact des constructions routières sur la fragmentation du territoire en Suisse (1885-2002) : quelles leçons retenir ? In : Le Naturaliste canadien vol. 136, (2). 83-88 p.

Kimpouni V., Mbou P., Gakosso G. et Motom M. (2013). Biodiversité floristique du sous–bois et régénération naturelle de la forêt de la Patte d'Oie de Brazzaville, Congo. Brazzaville : Université Marien Ngouabi, 16p.

Kimpouni V. (2001). Etude sur la gestion durable des produits forestiers non ligneux (PFNL) au Congo (Brazzaville). Rapport national, 52p.

Kouadio Kouassi N. (2008). Exploitation artisanale de l'or dans le processus de mutation socioéconomique à Hiré (sud Bandama Côte d'Ivoire) Mémoire D.E.A : sociologie. Bouaké : Université de Bouaké (Côte d'Ivoire). Disponible sur : http://www.memoireonline.com/04/10/3362/m_Exploitation-artisanale-de-lor-dans-le-processus-de-mutation-socioeconomique--Hire-sud-Banda4.html consulté le 10/02/2015.

Laurance W.F., Camargo J.L.C., Luizao R.C.C. et al. (2011). The fate of Amazonian forest fragments: a 32-year investigation. In: Biological Conservation 14. pp. 56-67.

LE Roux X., Barbaul T R., Baudry J., Burel F., Doussan I., Garnier E., Herzog F., Lavorel S., Lifran R., Roger-Estrade, Sarthou J.P., Trommetter M. (2008). Agriculture et biodiversité. Valoriser les énergies. France : INRA, 116p.

Leplay. (2011). Instrument économique pour la réduction de la déforestation tropicale. Thèse de doctorat. Economie et gestion. Montpelier : école doctorale économie et gestion Montpelier, 222p.

Les Forêts du Bassin du Congo (2014). État des Forêts (2013). Éds: de Wasseige C., Flynn J., Louppe D., Hiol Hiol F., Mayaux Ph. Weyrich. Belgique. 328 p.

Ministère de l'Agriculture, de l'Elevage, de la Pêche et de la Promotion de la Femme. (2003). Rapport national sur l'état des ressources génétiques animales du Congo Brazzaville. En ligne, consulté le 17 janvier 2015. URL : ftp://ftp.fao.org/docrep/fao/010/a1250e/annexes/CountryReports/CongoRepublic.pdf

Ministère du Développement Durable, de l'Economie Forestière et de l'Environnement, Programme des Nations Unies pour le Développement et Fond Environnemental Mondial (2009). Seconde communication nationale de la République du Congo à la Convention-cadre des Nations-Unies sur les changements climatiques (CCNUCC). Brazzaville République du Congo, 190p.

Megevand C., Mosnier A., Hourticq J., Doetinchem N. et Streck C. (2007). Dynamique de déforestation dans le bassin du Congo : Réconcilier la croissance économique et la protection de la forêt. Banque Mondiale. 34p.

Mertens B., Minnemeyer S., Nsoyuni L. A., Steil M. (2007). Atlas forestier interactif du Congo. Washington DC: Global Forest Watch, 38p.

Ministère de l'Agriculture de l'Agroalimentaire et de la Forêt (2013). L'agriculture de conservation. Analyse (61), dir. Sedilot B. : centre d'étude et de prospective, 4p.

Ministère du Plan, de l'Aménagement du Territoire, de l'Intégration Economique et du NEPAD. (2007). Plan National pour l'atteinte des OMD au Congo. Brazzaville République du Congo, 1-54p.

Ministère de la Recherche Scientifique et de l'Innovation Technologique (2007). Etat des ressources phylogénétiques pour l'alimentation et l'agriculture au Congo. Deuxième rapport, Brazzaville République du Congo, 49p.

Moullet D., Saffache P. et Transler A. L. (2006). L'orpaillage en Guyane française : synthèse des connaissances. Études caribéennes [En ligne], mis en ligne le 15 avril 2008, consulté le 03 mars 2015. URL : http://etudescaribeennes.revues.org/753.

Mukendi E. W.et Associates. (2013). La législation forestière en République du Congo. In lexology 14 octobre 2013. 10p.

Nkounka C. (2013). Impacts environnementaux et socio-économiques de l'orpaillage dans le secteur de Dimonika en République du Congo. ERAIFT, Mémoire 88p.

Nsenga L. (2012). Projet plan d'aménagement de la réserve de Biosphère de Dimonika. Mémoire Master Recherche : Université 153p.

Observatoire des Forêts d'Afrique Centrale. (2010). Les forêts du Bassin du Congo - Etat des forêts en 2010. Rapport, 249p.

Organisation des Nations Unies pour le Développement Industriel et Direction Nationale de l'Assainissement et du Contrôle des Pollutions et des Nuisances (2009). Atelier sous régional d'information des pays de l'Afrique de l'Ouest francophone sur les problèmes liés à l'orpaillage. En ligne, consulté le 24/01/2015. URL : http://www.unep.org/chemicalsandwaste/Portals/9/Mercury/Documents/Partnes hipsAreas/Conference%20de%20Bamako%20sur%20l'orpaillage.pdf.

Ossard A., Galan M-B., Boizard H., Leclercq C., Lemoine C. (2009). Evaluation des impacts environnementaux des pratiques agricoles à l'échelle de la parcelle et de l'exploitation en vue de l'élaboration d'un plan d'actions : une méthode de diagnostic fondée sur des indicateurs, le DAE-G, 71-87p.

Ouimet C. A. (2008). Fragmentation, intégrité écologique et parcs nationaux québécois: analyse de deux indicateurs. Essais 2008. Centre Universitaire de Formation en Environnement, Université de Sherbrooke, Québec, Canada, 81p.

Partenariat pour les Forêts du Bassin du Congo. (2005). Les forêts du Bassin du Congo : évaluation préliminaire. Rapport 39p.

Patin E., Siddle K. J., Laval G., Quach H., Harmant C., Becker N., Froment Alain, Regnault B., Lemee L., Gravel S., Hombert J. M., Van der Veen L., Dominy N. J., Perry G. H., Barreiro L. B., Verdu P., Heyer E., Quintana-Murci L. (2014). The impact of agricultural emergence on the genetic history of African rainforest hunter-gatherers and agriculturalists. *Nature Communications*, 5, art. 3163. ISSN 2041-1723

Peschard D., Galan M.B. et Boizard H., (2004). Tools for evaluating the environmental impact of agricultural practices at the farm level: analysis of 5 agri-environmental methods. Acte du colloque intitulé : OECD expert meeting on farm management indicators for agriculture and the environment »; Nouvelle –Zélande : 8-12 mars 2004 (sous presse), 17p.

Programme des Nations Unies pour l'Environnement et Fonds Mondial pour l'Environnment (2014). Cinquième rapport national sur la diversité biologique. Brazzaville République du Congo, Rapport, 134p.

Polidori L., Fotsing J.M. et Orru J.F. (2001). Déforestation et orpaillage : apport de la télédétection pour la surveillance de l'occupation du sol en Guyane française. In : Carmouze Jean-Pierre (ed.), Lucotte M. (ed.), Boudou A. (ed.) *Le mercure en Amazonie : rôle de l'homme et de l'environnement, risques sanitaires.* Paris : IRD, 473-494p.

Pongui B.S. et Kenfack C.E. (2012). Adaptation et atténuation en République du Congo : Acteurs et processus politiques. Bogor, Indonésie : Document de Travail 99. CIFOR. 46p.

Roche (2012). Méthode d'analyse des impacts du projet. Mine Arnaud Inc. Projet minier Arnaud – Étude d'impact sur l'environnement N/Réf. : 59858 – Mars 2012 6-9 Volume 1 – Rapport principal

Roger F. (2008). Identification des aspects environnementaux. Action Repro services PR4.3.1-01 ; Centre Alsacien de Reprographie, 6p.

Sabatier P. (1890). Les leçons élémentaires de chimie agricole. Paris : édition Masson, 269p.

Samba R. (2013). Contribution des PME à la diversification de la production dans le secteur forêts et environnement en République du Congo: Enjeux et Perspectives. CIEA, Trust Africa et le CRDI, 45p.

Samba-Kimbata, M., J. (1978). Le climat du Bas-Congo. Thèse de Doctorat de 3ème Cycle, Centre de recherches de climatologie. Dijon: Université de Bourgogne, 280 p.

Secretariat of the Convention on Biological Diversity (2009). Connecting Biodiversity and Climate Change Mitigation and Adaptation: Report of the Second Ad Hoc Technical Expert Group on Biodiversity and Climate Change. Montréal, Technical Series (41), 126p.

Secrétariat de la Convention sur la Diversité Biologique (2008). Biodiversité et agriculture: Protéger la biodiversité et assurer la sécurité alimentaire. Montréal, 56 pages.

Senechal J. et Mapangui A. (1989). L'agriculture dans le Mayombe. In : KABALA M. et FOUNIER F. Revue de connaissance sur le Mayombe : Paris : Unesco, 217-233p.

Seydou K. (2001). Etude sur les Mines Artisanales et Les Exploitations Minières à Petite Echelle au Mali. In Mining, Minerals and sustainable development (80), 54p.

Schwartz D. et Lanfranchi R. (1990). L'origine des gisements d'or du Mayombe central (Congo) : quelques hypothèses. In : Lanfranchi Raymond (ed.), Schwartz Dominique (ed.). *Paysages quaternaires de l'Afrique centrale atlantique*. Paris : ORSTOM, 155-160p.

Shuku Onemba N. (2004). La destruction des écosystèmes forestiers et perte de la biodiversité au Bas-Congo. Ouagadougou : Association Nationale pour l'environnement. En ligne le 23 /01/2015. URL : http://www.sifee.org/static/uploaded/Files/ressources/actes-des-colloques/ouagadougou/session-2/4_Shuku_communication.pdf.

Solo G. B. (2011). L'orpaillage et son impact sur l'environnement du massif forestier du Mayombe : cas du secteur de Dimonika. Mémoire master recherche : Université Marien Ngouabi, 74p.

Tacon F. LE, Selosse M.-A. et Gosselin F. (2000). Biodiversité, fonctionnement des écosystèmes et gestion forestière. En ligne, consulté le 20/01/2015. URL : http://docs.gip-ecofor.org/libre/BGF_Publi_LeTacon_2000.pdf .

Thies C., Rosoman G., Cotter J. et Frignet J. (2011). Les paysages de forêts intactes. Etude de Cas : Bassin du Congo. Amsterdam: Greenpeace, 16p.

Tchindjand et Bizenga (2009). Evaluation environnementale et gestion durable des ressources forestières de la réserve transfrontalière du Mayombe : cas de la Réserve de Biosphère de Dimonika. Yaoundé : Centre de Recherche Géographique et de Production Cartographique, 20p.

Tshibangu K.W.T. (2001). Etude du déboisement et de la crise de combustibles ligneux en tant que source d'énergie domestique à Kinshasa (République Démocratique du Congo). Thèse de doctorat. Université Libre de Bruxelles, Belgique.274 p.

UICN (1999). La conservation des écosystèmes forestiers du Congo. In : Hecketsweiler P. UICN, Gland, Suisse et Cambrigge, Royaume-Uni. 187p.

UICN/PACO. (2012). Parcs et réserves du Congo : évaluation de l'efficacité de gestion des aires protégées. Ouagadougou, BF: UICN/PACO, 144p.

UICN France. (2013). Panorama des services écologiques fournis par les milieux naturels en France - volume 2.1 : les écosystèmes forestiers. Paris, France, 24p.

Valiquette L. (2008). Application des outils et méthodes d'évaluation environnementale aux projets de production et de transport d'énergie électrique. In Canevas de travaux, Québec, 21p.

Watha-Ndoudy N., Nzila J. D., Bemy B. (2008). Dégradation d'un massif forestier par les activités d'orpaillage : cas du sillon aurifère de Mayoko (Massif du chaillu Congo) : communication présentée aux journées géographiques de la F.L.S.H.-Université Marien Ngouabi, Brazzaville, 30 p.

MELHAOUI Y. (2006). Protection et gestion participative des écosystèmes forestiers du RIF, Maroc. En ligne consulté le 25/01/2015. Url : ftp://ftp.fao.org/docrep/fao/006/Y4807B/Y4807B31.pdf

WEBOGRAPHIE

Anonyme. Les écosystèmes forestiers. En ligne, le 22/02/15. **http://crrntmonteregie-est.org/crrnt_fichiers/files/EFE-a.pdf.** (Web 1).

Anonyme. Devenez orpailleur, chercheur d'or en France. **En ligne, consulté le 19/01/15.** http://orpailleur.free.fr/presse/pourlascience198606.pdf. (Web 6)

Anonyme. Les forêts tropicales. En ligne, consulté le 10/02/2015. http://fr.mongabay.com/kids/forets/ (Web 9).

Agence Française de Développement. Secteur forestier dans les pays du bassin du Congo : 20 ans d'interventions de l'AFD. En ligne, consulté le 5/12/2014 http://www.afd.fr/jahia/webdav/site/afd/shared/PUBLICATIONS/RECHERCHE/E valuations/Evaluations-conjointes/Congo-forets-annexes-evaluation-conjointe.pdf. (Web 5).

Centre d'Echange d'Information de la République Démocratique du Congo. Stratégie Nationale de la Biodiversité en République Démocratique du Congo. En ligne, consulté le 23 /01/2015 http://cd.chm-cbd.net/ (Web 10).

Dictionnaire Larousse. En ligne consulté le 10/03/15 http://www.larousse.fr/dictionnaires/francais/labour/45790?q=labour#45727 (Web 8).

Chrono-Environnement. Dynamiques des paysages et des communautés. En ligne, 22/02/15 http://chrono-environnement.univ-fcomte.fr/spip.php?article308&lang=fr (web 3).

Ngantou D. Vers la Sauvegarde et l'Utilisation Durable des Forêts d'Afrique Centrale. En ligne, http://whc.unesco.org/uploads/events/event-95-Ngantou.pdf (web 4).

Glossaire. http://www.ipcc-nggip.iges.or.jp/public/gpglulucf/gpglulucf/french/annex-a.pdf (Web 7)

Veleix J. Enjeux de développement durable et aménagement des forêts de production du bassin du Congo : questions nouvelles et agenda de recherche. En ligne, consulté le 20/12/2014.
http://pfbc-cbfp.org/tl_files/archive/evenements/montpellier2004/01.pdf (Web 2)

ANNEXES

Tableau 1 : Sites d'orpaillage

N°	Noms des sites d'orpaillage	Latitude	Longitude
1	Ananas	4°22'19"	12°43'31"
2	Yanika	4°23'65"	12°41'40"
3	Loukéké	4°22'51"	12°43'60"
4	Makaba	42°19'55"	12°43'36"
5	Mvoula	42°05'35"	12°39'93"

Tableau 2 : Villages et noms des agriculteurs dont les sites ont été visités

N°	Villages et noms des agriculteurs	
1		Isobo fleurie
2	Mvouti	Ampombati Juste
3		Tchimbida Pavet
4		Tsounsa Angele
5	Les Sara	Kibamba
6		Mavoungou Pouati
7		Boumbouda Ferdinand
8	Dimonika	Maluka Ngoma victor
9		Massanga J. Benoit
10		Pemba Marie Jose
11	Pounga	Niangui Jacqueline
12		Louzolo Elisabeth
13		Safou Bienvenu
14	Kouila	Poutou Julien
15		Kibassa Makaya

QUESTIONNAIRE RELATIF A UNE ENQUETE SUR LES IMPACTS DES ACTIVITES ANTHROPIQUES SUR LA BIODIVERSITE

Mai-juin - GERDIB

"Merci de bien vouloir consacrer quelques minutes de votre temps pour répondre à ce questionnaire"

1. Nom du village

2. Nom (s) et prénom (s)

3. Age

4. Sexe
○ 1. Homme   ○ 2. Femme

5. Quel est votre niveau d'instruction ?
○ 1. Primaires   ○ 2. Secondaire 1er dégré
○ 3. Secondaire 2ème dégré   ○ 4. Supérieur
○ 5. Analphabète

6. Quelles activités réalisez-vous ?
1. Agriculteur   2. Orpailleur
3. Exploitant forestier   4. Collecteur des PFNL
5. scieur   6. charbonnier

☐ ☐ ☐ ☐ ☐ ☐

Ordonnez 6 réponses.

7. Depuis combien d'années exercez-vous cette activité ?

8. Quelles sont les pratiques utilisées dans la réalisation de votre activité ?
☐ 1. Désherbage   ☐ 2. Labour à la houe
☐ 3. Labour à la machine ☐ 4. Abattage d'arbres
☐ 5. Agrais   ☐ 6. Fongicides
☐ 7. Herbicides   ☐ 8. Feux
☐ 9. Dessouchage   ☐ 10. Piochage
☐ 11. Tamisage

Vous pouvez cocher plusieurs cases.

9. Autres

10. Parmi ces pratiques y a-t'ils celles qui contribuent à la destruction de la végétation ?
○ 1. Oui   ○ 2. Non

11. Si oui lesquelles ?
1. Abattage d'arbres   2. Feux
3. Dessouchage   4. désherbage
5. Labour à la houe   6. Abattage d'arbres
7. Piochage   8. Tamisage

☐ ☐ ☐ ☐ ☐ ☐ ☐

Ordonnez 7 réponses.

12. Quelle est la superficie occupée par votre d'activité ?
La réponse doit être comprise entre 0 et 100.

13. Avez-vous noté la destruction de certaines espèces ?
○ 1. oui   ○ 2. Non   ○ 3. Sans réponse

14. Si oui lesquelles ?
☐ 1. Milomba   ☐ 2. Kombo-Kombo
☐ 3. Missassa   ☐ 4. Mikala
☐ 5. Moabi   ☐ 6. Douka
☐ 7. Musangala   ☐ 8. Limba
☐ 9. Mudumu   ☐ 10. Padouk
☐ 11. Missengue   ☐ 12. Parasolier
☐ 13. Bilenga   ☐ 14. Kabala
☐ 15. Tsedé-Tsedé ☐ 16. Baya
☐ 17. Longui   ☐ 18. okoumé

Vous pouvez cocher plusieurs cases (15 au maximum).

15. Recoltez-vous souvent les PFNL ?
○ 1. Oui   ○ 2. Non

16. Si oui, lesquels ?

17. Pensez-vous que la RN1 augmente la pression sur la Réserve ?
○ 1. Oui   ○ 2. Non

18. Si oui comment ?
☐ 1. Economique   ☐ 2. Augmenter la production
☐ 3. sans réponse

Vous pouvez cocher plusieurs cases (2 au maximum).

19. Quelles méthodes de conservation proposez-vous ?
☐ 1. Jachère
☐ 2. Reboisement
☐ 3. Plantation des arbres fruitiers
☐ 4. Ecogarde
☐ 5. Délocaliser les habitants vivants dans le Réserve
☐ 6. Circonscrire une zone d'activité dans la Réserve
☐ 7. réglementer les activités dans la Réserve
☐ 8. sensibiliser et former aux méthodes non impactantes
☐ 9. autre

Vous pouvez cocher plusieurs cases (7 au maximum).

20. Quelles sont les activités réalisées dans la Réserve ?

○ 1. Agriculture   ○ 2. Pisciculture

○ 3. Orpaillage,Sciage artisanal   ○ 4. RPFNL

○ 5. Chasse

21. Parmi les activités citées, laquelle dégrade le plus la RBD ?

GUIDE D'ENTRETIEN

Mai-Juin - GERDIB

Les informations recueillies pour cet entretien serviront pour la rédaction d'un master en "Gestion de l'Environnement".

IDENTIFICATION DE L'ENQUETE

1. Nom(s) et prénom(s)

2. Foction

ACTIVITES DANS LA RESERVE

3. Quelles sont les activités menées dans la Réserve ?

5. Pensez-vous que cette activité contribue à la perte des espèces végétales ?

○ 1. Oui   ○ 2. Non

4. Quelle est l'activité la pus dégradante ?

6. Si oui. Lesquels ?

CONSERVATION DE LA RESERVE

7. Comment se fait la conservation des ressources naturelles dans votre Réserve ?

Annexe 3

Grille de détermination de l'importance absolue (Fecteau, 1997)

Intensité	Étendue	Durée	Importance absolue
Forte	Régionale	Longue	Majeure
		Moyenne	Majeure
		Courte	Majeure
	Locale	Longue	Majeure
		Moyenne	Moyenne
		Courte	Moyenne
	Ponctuelle	Longue	Majeure
		Moyenne	Moyenne
		Courte	Mineure
Moyenne	Régionale	Longue	Majeure
		Moyenne	Moyenne
		Courte	Moyenne
	Locale	Longue	Moyenne
		Moyenne	Moyenne
		Courte	Moyenne
	Ponctuelle	Longue	Moyenne
		Moyenne	Moyenne
		Courte	Mineure
Faible	Régionale	Longue	Majeure
		Moyenne	Moyenne
		Courte	Mineure
	Locale	Longue	Moyenne
		Moyenne	Moyenne
		Courte	Mineure
	Ponctuelle	Longue	Mineure
		Moyenne	Mineure
		Courte	Mineure

Annexe 4

Photo 1 : Dénivellation crée après

Photo 2 : Abattage d'arbre

Photo 3 : Amas de terre

Photo 4 : Fragmentation de la Réserve par la route national 1

Photo 5: Rivière à eaux troubles

Photo 6 : Plantation de manioc aux bordures de la RN1

Photo 7 : Plantation de Bananeraie aux Bordures de la RN1

Photo 8 : Parcelle préparée pour la culture de la banane

Annexe 5 :

Tableau 1 : Maquette de la grille d'évaluation des impacts

	Abattage d'arbres			Feux			Désherbage			Labour			Dessouchage		
	I	E	D	Imp.	I	E	D	Imp.	I	E	D	Imp.	I	E	D	Imp.	I	E	D	Imp.
P1																				
P2																				
P3																				
P4																				
P5																				
P6																				
P7																				
P8																				
P9																				
P10																				
P11																				
P12																				
P13																				
P14																				
P15																				

Légende : I : intensité, E : étendu, D : durée ; Imp. : importance de l'impact, P : Parcelle

www.ingramcontent.com/pod-product-compliance
Lightning Source LLC
Chambersburg PA
CBHW021606210326
41599CB00010B/625